KB195467

내성적인 집순이 엄마의 느린 육아

내성적인 집순이 엄마의 느린 육아

초판인쇄 2024년 11월 25일
초판발행 2024년 11월 30일

지은이 이민경
발행인 조현수
펴낸곳 도서출판 프로방스
기획 조영재
마케팅 최문섭
편집 문영윤

본사 경기도 파주시 광인사길 68, 201-4호(문발동)
물류센터 경기도 파주시 산남동 693-1
전화 031-942-5366
팩스 031-942-5368
이메일 provence70@naver.com
등록번호 제2016-000126호
등록 2016년 06월 23일

정가 17,000원
ISBN 979-11-6480-371-2 (13590)

내성적인 집순이 엄마의

느린 육아

이민경 지음

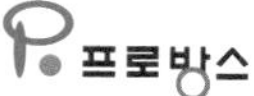

프롤로그

2009년 12월 15일, 네 살 아이가 제 곁을 떠났습니다. 참 아프고 힘든 시간이었지요. 고통과 시련의 시간을 지나고 돌아보니, 제 삶에 큰 스승이 다녀간 거라는 생각이 듭니다. 아이로 인해 배우고 깨달았던 경험은 다시 시작된 육아의 방향을 세운 계기가 되었고, 제 성장 독서의 근거가 되었습니다.

남들 하는 대로 휩쓸리듯 따라가고 싶지 않았습니다. 적어도 초등학교 때까지만이라도 마음껏 놀면서 자연스럽게 배우기를 바랐습니다. 그래서 사교육 대신 매일 조금씩 책을 읽어 주었습니다. 선행학습 대신 선행 독서를 했지요. 욕심부리지 않고 할 수 있는 만큼만 했습니다. 아이가 좋아할 만한 재미있는 책을 찾아 매일 읽어 주었을 뿐인데 감사하게도 책을 좋아하며 꾸준히 읽는 아이들로 자라 주었습니다. 어릴 때부터 읽어온 수많은 책은 그 어떤 사교육보다 더 큰 힘을 발휘하리라 믿어 의심치 않습니다.

느린 육아의 핵심은 '천천히 그리고 꾸준히, 그러나 유연하게' 입니다.

조급함을 내려놓고, 엄마와 아이의 성향에 맞게 천천히 나아가는 방향을 말해요. 묵묵히 작은 행동을 차곡차곡 쌓아가는 거지요. 어쩌면 '더 빨리, 더 많이'가 중시되는 요즘 육아에 역행하는 육아법인지도 모르겠습니다.

하지만 육아는 긴 여정입니다. 마라톤과 같지요. 단거리 달리기와 달리 마라톤은 초반에 힘을 다 쏟으면 페이스를 유지하기 어렵습니다. 느린 걸음으로도 큰 성취를 이룰 수 있습니다. 다만 시간이 좀 걸릴 뿐이지요. 옳은 방향으로 꾸준히 나아가기만 하면 결국 이르게 됩니다. 멀리 보아야 합니다.

이 책은 내성적인 성향의 집순이 엄마가 내 안의 나를 이해하고 살피며, 아이의 눈빛을 따라 느린 육아를 해 나가는 이야기입니다. 아이의 삶에 천천히 스며드는 독서와 영어, 매일 최소 습관으로 만들어가는 자기주도학습, 아이와 함께 더불어 엄마도 읽고, 쓰고, 실천하며, 느리지만 꾸준히 성장해 나가는 이야기예요. 부족하지만 지금 제가 나눌 수 있는 진솔한 이야기를 담았습니다.

'약한 불에도 물은 결국 끓는다.'

물을 빨리 끓이기 위해서 센불로 켰다 껐다를 반복하는 것보다는 약한 불로라도 계속 가열하는 것이 낫습니다. 약한 불에서는 끓는 속도가 늦을 뿐, 임계점 100도에 도달하면 결국 똑같이 끓게 되지요. 조금 더디 가더라도 '매일 천천히 조금씩' 가면 됩니다. 제대로 된 길로 '꾸준히' 가다 보면 결국 도착하게 돼요. 육아는 속도 보다 방향이 중요합니다.

저 역시 아이들을 키우며 육아서의 도움을 많이 받았습니다. 부족하지만 누군가 이 책에서 육아에 도움이 되는, 단 하나라도 찾을 수 있다면 참 기쁠 것 같아요. 저와 우리 아이들이 했던 경험이 불안하고 지친 엄마들에게, 조금이나마 마음의 울림이 되었으면 좋겠습니다.

모쪼록 획일적인 주입식 교육에서 벗어나, 다른 관점의 교육도 생각해 볼 수 있는 계기가 되길 바라봅니다.

아이를 키우는 과정은 가장 행복하고도 고된 시간이었습니다. 돌이켜보니 모든 걸 쏟아부어야 아이를 잘 키울 수 있는 건 아니었어요. 할 수 있는 것만 해도 됩니다. 육아서나, 선배 엄마의 육아법이 정답은 아니잖아요. 참고하고, 변경하며 나만의 육아 철학을 만들어 가면 됩니다. 과장된 육아 정보에 휘둘려서 불안해하지 마세요. SNS 속 슈퍼우먼 엄마들을 보며 죄책감을 느끼지 않았으면 좋겠어요. 비교와 불안은 한 세트입니다.

엄마를 위해 꼭 휴식의 시간을 가지세요. 너무 힘들면 쉬어가도 됩니다. 조금은 가볍게 육아해도 괜찮습니다. 우리 서두르지 말아요. 조급해하지도 말고요. 조금은 느슨하게 힘을 빼 보는 건 어떨까요. 어쩌면 천천히 조금씩, 꾸준히 가는 것이 가장 빠른 길일지도 몰라요. 엄마도, 아이도 더 나은 내일을 위해 한 걸음씩만 더 나아갔으면 좋겠습니다.

당신의 육아를 진심으로 응원합니다.

나는 천천히 가는 사람입니다.
그러나 뒤로는 가지 않습니다.

_ 에이브러햄 링컨

차 례

제4장
엄마의 욕심을 줄이면 공부가 수월해진다

제5장
엄마도 느리지만 멋지게 성장하는 중
'느릿느릿 걸어도 황소걸음'

제1장

내성적인 내가 집순이가 되었다

1.
엄마가 처음이라서 미안해

아무도 걸어가 본 적이 없는 그런 길은 없다.
나의 어두운 시기가 비슷한 여행을 하는 모든 사람들에게
도움을 줄 수 있기를.

_ 베드로시안

나는 준비된 엄마였다. 아니, 그런 줄 알았다. 아이를 낳기 전 임신기간 동안 태교도, 육아 공부도 열심히 했다. 엄마 학교를 등록하고, 육아 강좌나 모유 수유 강의도 수강했다. 『임신 육아 백과』를 옆에 두고 몇 번이고 읽었다. 아이가 세상에

나오기만을 기다렸고, 좋은 엄마가 될 자신이 있었다. 하지만 현실은 내가 생각했던 모습이 아니었다. 하늘은 나에게 좀 특별한 엄마의 자리를 주었다.

지금의 세 아이를 낳기 전에 아이가 있었다. 내 나이 스물다섯, 첫 아이를 품에 안았다. 3.8kg 우량아 아들이었다. 나에게 처음 엄마라는 말을 듣게 해 준 소중한 아이.... 건강하게 태어난 줄로만 알았던 아이는 선천성 심장병을 갖고 태어났다. 정확한 병명은 이름도 너무 생소한 '총폐정맥환류 이상증'. 폐에서 깨끗하게 된 혈액이 왼쪽 심방으로 돌아가야 하는데 연결이 되어있지 않은 상태로 태어났다. 한 번에 교정이 가능할 줄 알았던 수술은 협착으로 세 번까지 이어졌다. 그리고 또 한 번의 수술을 앞두고 다섯 살을 코 앞에 둔 그해 12월, 결국 내 곁을 떠났다.

대책없이 그린 행복한 청사진

처음 퇴원할 때만 해도 다시 수술하게 될 줄은 몰랐다. 아이가 집에 오는 날만을 손꼽아 기다렸기에 마냥 설레고 행복했고, 아이를 데려오기만 하면 응당 잘 돌볼 수 있으리라 생각했다. 태어난 지 얼마 안 된 시기에 엄마와 떨어진 아이였다. 차가운 병원에서 홀로 이겨낸 아이에게 제대로 모성애를 느끼게 해 줄 참이었다. 하지만 현실은 완전히 빗나갔다. 우는 아이를 달래지 못해 진땀을 뻘뻘 흘리고, 남편과 둘이 겁이 나서 목욕도 제대로 시킬 수 없었다. 젖이 잘 나오지 않는데도 모유 수유를 고집하며 아이를 더 힘들게 했다. 한 시간 넘게 안고 달래서 겨우 바닥에 눕혀 놓으면 5분 만에 깨서 다시 숨이 넘어가게 울었다.

아이는 그동안의 불안함을 호소하듯 매우 예민했고, 나는 항상 긴장했다. 남편이 교대 근무라서 밤에 없는 날은 더 힘들었다. 겨우 먹은 모유를, 분수토를 하고, 밤새 울다 지쳐서 잠든 아이를 안고 나도 얼마나 울었는지 모른다. 안쓰러움과 죄책감이 몰려왔다. 그리고 다음 날, 서둘러 진료를 봤지만, 별다른 이상이 없다는 답변만 돌아왔다. 아이를 하루 종일 안고 있느라 밥 한 끼 챙겨 먹기도, 씻는 것도, 자는 것도 기본적인 생활 자체가 어려웠다. 남편도 나도 서로 예민할 대로 예민해져서 다툼도 잦아졌다. 게다가 주변 도움조차 받기 어려운 상황이었다. 친정엄마는 편찮으셔서 도와주실 형편이 안 되셨고, 시어머님도 시골에서 농사일로 바쁘셨다.

도대체 나는 무슨 배짱이었을까? 무슨 근거 없는 자신감으로 아무런 대책 없이 행복한 청사진만 그리고 있었던 걸까? 이론은 아무 소용이 없었다. 단 2주라도 산후 도우미를 미리 신청해야 했다. 옆에서 직접 보며 배우고 의지할 수 있는 사람이 있어야 했다. 하지만 그때는 몰랐다. 엄마인 내가 당연히 이겨내고 감당해야 하는 부분이라 여기며 견뎠다. 대안을 생각하지 못했다. 모든 것이 처음이라 어려웠고 미숙했다.

아이와 나의 삶에 한 줄기 빛

그럼에도 더디지만, 시간은 흘러갔다. 아이가 커 가며 일상의 안정을 찾아갔고, 돌잔치도 잘 치렀다. 겨우 안정을 찾아갈 그 무렵, 협착으로 다시 수술하게 되었고, 회복하는 과정을 반복했다. 아픈 아이라고 말하지 않으면 아무도 모를 만큼 밝고 씩씩했지만, 감기조차도 조심해야 했기 때문에 외출을 거의 못 했다. 서울로 병원에 가는 것이 유일한 장거리 외출이었다.

그렇게 아이가 18개월쯤 우연히 읽게 된 육아서 『배려깊은 사랑이 행복한 영재를 만든다』는 아이와 나의 삶에 한 줄기 빛이 되어 주었다. 그리고 새로운 날들이 시작되었다. 아이에게 매일 책을 읽어 주었다. 밥을 먹으면서도, 놀다가도, 간식을 먹거나 자기 전에도 아이의 일상에 언제나 책이 함께했다. 아이는 책을 통해 어휘가 풍부해지면서 모든 것을 쉽게 이해하고 받아들였다. 동물원에 한 번도 가본 적 없었지만 거의 모르는 동물, 곤충이 없었고 한참 자동차에 빠졌을 땐 자동차 박사라고 불릴 만큼 종류대로 구분하고 깊이 몰입했다. 책은 아이에게 세상을 알려주는 유일한 도구였다. '유치원에 보낼 수 있을까?' '학교에는 갈 수 있을까?' 늘 마음 한편에 걱정이 있었다. 집에만 있었던 그 시기에 책이 있었기에 나와 아이에게 얼마나 다행이었는지.

그러나 평화로운 시간도 잠시였을 뿐. 숨을 가쁘게 쉬는 아이를 데리고 검진을 앞당겨 간 날, 다시 입원하게 되었다. 떠나기 하루 전, 숨쉬기 힘들어서 산소 호흡기를 입에 대고 있는 와중에도 책을 빌려 오라고 했던 아이. 그러나 병원 내 도서관 이용 시간이 지나 빌려오지 못했다. 아이의 마지막 부탁을 들어주지 못한 것 같아 아직도 마음이 아프다. 그날 저녁, 중환자실로 가게 되었고 그 후로 이별하게 될 줄은 몰랐다. 누구보다 강인한 아이였기에 또다시 견뎌낼 수 있으리라 믿었다. 하지만 결국 아이는 하늘로 떠나고 말았다.

힘들고 아픈 시간이 흐르고, 지금 내 곁엔 세 아이가 있다.

아이로 인해 배우고 깨달았던 시간, 어렵고 미숙했던 그 소중한 경험이 지금 아이들을 키우며 큰 선물로 다가온다. 그때 그토록 바랐던 평범한 삶의 소소한 일상, 건강한 아이들. 지금 내가 누리고 있는 삶에 마음 깊이 감사함을 느낀다. 나는 지금도 여전히 아이와 함께 배우고 성장해 가고 있다. 부족한 엄마이기에 더 단단해지려고 노력한다. 아이가 자라는 만큼 나도 자란다.

"엄마가 처음이라서 미안해."

"엄마가 서툴러서 미안해."

내 마음이 하늘에 닿기를.

> 아이가 세상에 나오기만을 기다렸고, 좋은 엄마가 될 자신이 있었다.
>
> 하지만 현실은 내가 생각했던 모습이 아니었다.
>
> 하늘은 나에게 좀 특별한 엄마의 자리를 주었다.

2.
나는 내성적인 사람입니다

내향적인 사람은 불안의 정도를 낮추는 것이 중요하다.
그것이야말로 자기 성격을 한층 더 발전시키기 위한
열쇠인 것이다.

_ 디오도어 루빈

"집에서는 조잘조잘 말도 잘하면서, 누구만 있으면 숙맥같이 아무 소리도 못 하고."

'숙맥'. 어린 시절 많이 듣던 말이다. 아버지는 숫기 없는 나를 못마땅해하셨다. 타고난 기질로 봐야 하지 않을까. 하지만, 억울하게도 그런 상황이 생길 때마다 여지없이 혼이 나곤 했다. 나는 더 움츠러들고 주눅 들었다. 남들 앞에서도 당당하고 자신감 있는 딸의 모습을 원하신 아버지의 마음을 이해는 한다. 하지만 그건 혼이 난다고 해서, 노력한다고 달라지는 부분은 아니었다.

학창 시절 나는 있는 듯 없는 듯 존재감 없는 아이였다. 그래도 친구 관계에서는 큰 불편함이나 어려움은 없었다. 적어도 익숙한 사람들 틈 속에서의 나는 명랑, 쾌활하기도 했다. 그러나 어른이 되어갈수록 나의 성향은 더 드러났다. 남에게 폐 끼치는 것이 싫었던 나는 "아니에요....괜찮아요."라는 말을 입에 달고 살았다. 사양하는 것이 미덕이라 배웠다.

혼자만의 시간이 조금 더 좋을 뿐

스물셋의 12월, 이른 나이에 결혼했다. 어린 나는 시부모님이 참 어려웠다. 많이 예뻐해 주시고 늘 살갑게 챙겨주시는 두 분이셨지만, 어렵고 불편하기만 했다. 적응의 시간이 필요한 나의 문제였으리라. 심지어 안부 전화를 드릴 때에도, 노트에 할 말을 미리 적어놓고 통화를 할 정도였으니. 애교 많은 며느리로, 잘하고 싶은 마음과 달리 표현할 줄 모르는 조용한

곰 같은 며느리였다. 그러나 이제는 마음 편하게 전화를 드린다. 농담도 하고, 공감과 위로를 건네드릴 줄도 안다. 여우까지는 아니어도, 그렇다고 곰도 아니다. 세월의 힘이고, 익숙함의 힘이다.

나는 사람 많은 곳에 가면 쉽게 피로해지고, 혼자만의 휴식이 필요하다. 카톡이나 문자 하나를 보낼 때도 '썼다 고쳤다'를 반복한 후에야 비로소 전송한다. 새로운 만남에 부담을 느끼고, 누군가에게 내 생각을 표현하는 걸 망설인다. 사람들과 쉽게 친해지지 못하고, 먼저 다가서지도 못한다. 그래서 언제나 당당하고 자신감 있어 보이는 외향적인 성격의 사람들이 내심 부러웠다.

시간이 지나고, 나이가 들어가며 나와 맞는 사람을 찾기 더 어려워졌다. 새로운 인연을 만든다는 것이 부담으로 다가온다. 엄마들과의 만남은 어색하고 조심스러웠다. 말하기 전에 생각이 많아졌다. 내가 먼저 다가서지도 못하면서 상대방이 적극적이면 한 발 뒤로 물러선다. 나 스스로 벽을 만들었다. 사람들과의 만남이 싫은 건 아니다. 만남도 즐겁지만, 혼자만의 시간이 조금 더 좋을 뿐. 고독함을 갈망하는 반면, 연결의 친밀함을 원하기도 한다. 가끔 한 번씩의 만남은 일상에 활력이 된다. 그러나 잦은 만남이나 외출은 나의 에너지를 빼앗아 갔고, 금세 방전되어 버렸다. 더 많은 충전의 시간이 필요했다.

넓은 인간관계보다는 깊은 인간관계

〈월든〉의 작가 '헨리 데이비드 소로'는 혼자만의 시간이 심신에 좋다고 말한다. "나는 혼자 있는 것이 좋다. 나는 고독만큼 친해지기 쉬운 벗을 아직 찾아내지 못하고 있다. 대체로 우리는 방 안에 홀로 있을 때보다 밖에 나가 사람들 사이를 돌아다닐 때 더 고독하다. 사색하는 사람이나 일하는 사람은 어디에 있든지 항상 혼자이다. 고독은 한 사람과 그의 동료들 사이에 놓인 거리로 잴 수 있는 것이 아니다. 하버드 대학의 혼잡한 교실에서도 정말 공부에 몰두해 있는 학생은 사막의 수도승만큼이나 홀로인 것이다." 그는 사색함으로써 마음의 의식적인 노력으로, 행동과 그 결과들로부터 초연하게 서 있을 수 있다고 말한다.

나는 넓은 인간관계보다는 깊은 인간관계를 선호한다. 물론 타인과의 소통은 중요하다. 하지만 너무 많은 사람들과의 관계는 오히려 삶이 피로해질 수 있다고 생각한다. 원활하지 않은 인간관계의 문제로 매우 힘들어지기도 한다.

따라서 많은 사람들을 사귀며 인간관계를 넓히기에 앞서, 나의 그릇을 키우는 노력이 필요하다고 본다. 지속 가능한 관계를 유지하는 것이 더 중요하기 때문이다. 나를 채워가다 보면 인맥은 저절로 만들어진다고 생각한다. 주변에 사람이 많고 적음보다 지금 함께하는 사람과 충실한 관계에 있느냐가 더 중요하지 않을까? 함께 하고 싶은 사람이 되고자 한다. 나를 사랑하고 혼자만의 시간을 즐길 줄 아는 사람은 외롭지 않다. 나 자신과 친구 할 수 있는 사람은 최소한의 인연만 있어도 행복하다. 단순히 많은 사람들을 만나는 것이 아닌 이해와 존중을 바탕으로, 질 높은 관계를 만들어 간다. 신뢰와 상호 존중으로 깊은 인간관계를 조금씩 넓혀 가려 한다.

누구에게나 혼자만의 시간은 꼭 필요하다. 타인과의 관계 속에서 에너지를 느끼는 사람이라도 그 안에서의 피로감, 스트레스와 상처가 있기 마련이다. 혼자만의 시간은 자신에게 집중할 수 있게 해주고, 진짜 나를 알게 해준다. 하루 한 번쯤 잠시라도 고요한 시간을 만들어 보면 좋겠다.

인간 불행의 유일한 원인은
자신의 방에 고요히 머무는 방법을
모른다는 것이다.

_ 프랑스 철학자, 파스칼

나를 긍정적으로 생각해 본다. 소심함을 신중함으로, 예민함을 세심함으로. 내가 나를 어떻게 바라보느냐가 중요하다. 내 생각을 바꿈으로써 내성적인 나를 가치 있게 바라보게 되었다. '나'라는 사람을 바꿀 수는 없지만 생각은 얼마든지 바꿀 수 있다. 나를 있는 그대로 존중하고, 긍정한다.

사람들과의 만남이 싫은 건 아니다.
만남도 즐겁지만 혼자만의 시간이 조금 더 좋을 뿐.
고독함을 갈망하는 반면, 연결의 친밀함을 원하기도 한다.
가끔 한 번씩의 만남은 일상에 활력이 되기도 한다.
그러나 잦은 만남이나 외출은 나의 에너지를 빼앗아 갔고,
금세 방전되어 버렸다.
더 많은 충전의 시간이 필요했다.

3.
강제적 집순이에서 자발적 집순이로

진정한 편안함을 얻으려면
집에 있는 것만큼 좋은 것은 없다.
_ 제인 오스틴

'나는 원래 집순이었을까?' 보통 내성적인 성향이라면 집에 머무르길 좋아하는 집순이여야 결이 맞겠지만, 나는 성향에 맞지 않게 집에 있으면 심심하고 지루했다. 내성적이긴 했지만, 집순이는 아니었다. 연애와 신혼 시절, 주말에는 늘 영화를 보고, 교외로 나가거나, 여행을 즐겼다. 나는 내성적인 밖순이었다. 하지만 첫 아이를 낳고 나의 의지와는 상관없이 집순이로 지내야 하는 상황이 되어버렸다.

아픈 아이와의 생활은 제한적이었다. 하고 싶지만, 할 수 없는 것이 많아졌다. 아이와 함께 체험활동을 하고 싶었고, 친구들을 만들어 주고 싶었으며, 가족 여행도 가보고 싶었다. 아이에게 세상 구경을 마음껏 시켜주고 싶었다. 남들에게는 쉬운 일상이 나에게는 소망이 되었다. 왜 나만 이렇게 살아야 하는 건지. 평범하고 자유롭게 사는 사람들이 부러웠고, 그런 마음이 들 때면 깊은 수렁에 빠진 듯 우울해졌다. 집에만 있는 것이 갑갑하고 힘들었다. 그때, 유독 집에서의 생활이 더 힘들었던 건 탈출구가 없는 강제적인 집순이였기 때문이었다. 아이가 너무 소중했고, 많이 사랑했지만 현실에 구속감을 느꼈고, 벗어나고 싶기도 했다. 나는 이렇게 아이와 집에만 있는데 남편은 자유롭게 생활하는 것 같아 괜한 트집을 잡고, 시비를 걸었다. 나만 집에 갇혀 지낸다고 생각하니 억울한 마음이 들었다. 그때의 나는 집순이어서 힘들었고, 모든 것이 결핍으로 느껴졌다.

자유로운 집순이가 되었다.

17년이 흐른 지금도 나는 여전히 집순이다. 그러나 상황은 달라졌다. 어쩔 수 없이 집순이로 지내야 했던 그때와 달리, 지금은 나의 선택으로 자발적인 집순이가 되었다. 자유로운 집순이라고 해야 할까? "강제적"과 "자발적"이라는 상반된 두 단어로 인해 집순이의 생활이 달라졌다. 아니, 생각이 달라졌다. 이젠 나에게 익숙해진 집순이 엄마의 삶이 싫지만은 않았다. 지나고 보니, 나쁜 것만은 아니었다. 그저 나의 의지에 의한 상황이 아니었기에 고통의 시간으로 여겨졌다.

"고통에서 교훈을 얻으면 목적 달성에 필요한 추진력을 얻고 다른 사람을 돕는 길로 나아갈 수 있다. 이게 바로 심리학자들이 말하는 외상 후 성장이다. 고통을 적극적으로 마주하고 올바른 인식과 감사함으로 고통을 바라보기로 선택할 때 외상 후 성장이 이루어진다. 당신에게는 어떤 경험이든 그것을 긍정적인 스토리로 구성할 힘이 있다."

『퓨처셀프』 '벤저민 하디'

저자는 끔찍한 시련을 겪을 때 그 경험을 유익한 경험이라는 프레임으로 설정하면, 인생의 사건들은 자신에게 유리하게 펼쳐진다고 한다. 오히려 고통에서 더 많은 교훈을 얻을 수 있으므로 그 가치를 귀중하게 여기고, 고통스러운 경험에서 유익을 찾고 감사함을 생각하라고 말한다.

"램프를 만들어낸 것은 어둠이었고,
나침반을 만들어낸 것은 안개였고,
탐험하게 만든 것은 배고픔이었다.
그리고 일의 진정한 가치를 깨닫기 위해서는
의기소침한 나날들이 필요했다."

'빅토르 위고'의 이 말처럼 나에게도 고통과 시련의 시간은 성장의 계기가 되어 나를 더 단단하게 해주었다. 힘든 시간을 통해 내가 한 단계 더 발전했다고 생각한다. 그 안에서도 깨달음과 실천이 있었고, 그것을 디디고 더 앞으로 나아가게 되었다.

내 성향에 딱 맞는 잔잔한 일상

큰 틀은 변함이 없었다. 지금의 세 아이도 집에서 엄마와 시간을 더 보냈고, 책과 자연과 함께 일상을 지냈다. 일과가 단조로웠고, 그래서 평온했다. 달라진 점은 '자유'였다. 하고 싶은 대로 할 수 있다. 같은 집순이지만 지금은 다르다. 아이들과 언제든지 마트에 갈 수 있고, 동물원이나 놀이공원에도 갈 수 있으며, 여행도 마음껏 갈 수 있다. 그 가운데 집에서 지내는 잔잔한 하루는 내 성향에 딱 맞는 일상이었다.

이제 자유롭게 어디든 다닐 수 있지만, 그래도 집이 제일 좋고 편하다. 하지만 집에만 있다고 흐트러진 모습으로 있지 않는다. 매일 아침 깨끗하게 씻고, 예쁘게 화장한다. 집에만 있어도 나를 가꾼다. 그리고 집안일 틈틈이 책을 읽는다. 깨끗하게 청소를 끝낸 후, 커피 한 잔과 함께 책을 읽는 시간은 힐링이 된다.

"도대체 하루 종일 집에서 뭐 해?"

"엄마들도 좀 사귀어 봐. 한 번씩 만나기도 하면 좋잖아. 심심하지 않아?"

주변에서 종종 듣는 말이다. 심심할 틈이 없다. 책이라는 친구가 있어서 외롭지도 않다. 지금은 아이와 나에게 집중하는 시간이 더 좋을 뿐이다. 도전하고 실천하며 일상에 작은 변화도 시도하고 있다. 내성적인 밖순이가 강제적 집순이로 살아가며 느낀 시련과 고통은 내 성장의 디딤돌이 되어 주었다. 타인의 시선이 아닌, 진짜 나를 바라보게 된 지금이 참 행복하다. 있는 그대로의 나를 더 아끼고 사랑하기로 마음먹었다.

지금 나의 일상이 어느 누군가에겐 간절한 소망이다. 건강한 아이들이 옆에 있는 것만으로도 축복이고 행복이다. 세상에 당연한 것은 없다. 평범한 삶을 사는 것이 결코 당연한 것이 아니다. 내가 가진 것의 소중함을 생각해 본다. 가끔씩 지난 삶을 반추하는 이유다.

집에만 있다고 흐트러진 모습으로 있지 않는다.

매일 아침 깨끗하게 씻고, 예쁘게 화장한다. 집에 있어도 나를 가꾼다.

그리고 집안일 틈틈이 책을 읽는다.

깨끗하게 청소를 끝낸 후, 커피 한 잔과 함께 책을 읽는 시간이 힐링이 된다.

4.
세상을 배운다 '직접경험 & 간접경험'

나는 내 발걸음을 이끌어 주는
유일한 등불을 알고 있다.
그것은 경험이라는 등불이다.
_ 패트릭 헨리

'아는 만큼 보인다.' 독서는 새로운 세상을 만나는 길이다.

아이가 궁금해하는 것들을 내가 모두 설명해 주기 어려웠다. 하지만 책을 읽고 체험을 하면 어느새 아이가 먼저 알아보고, 나에게 설명해 주기도 했다. 책을 보며 더 깊이 자세히 알게 된다. 체험하러 가기 전, 책을 먼저 읽고 가거나, 관련 책을 챙겨가면 관심사에 대한 흥미를 높이고 즐거움이 배가 된다.

아파트 근처, 천변 길가에 핀 노란 꽃이 애기똥풀이었다. 줄기에서 나온 샛노란 즙을 보고 단번에 알아봤다. 『보리 풀 도감』 덕분이었다. 줄기를 자르면 노랗고 끈끈한 즙이 나오는데 아기 똥 같다고 하여 애기똥풀이라 부른다. 아이가 아니었다면 길가에 핀 애기똥풀이 내 눈에 들어오기나 했을까? 관심 있게 보긴 했을까? 아이와 함께하며 나 또한 자연에 관심을 두게 되었다. 뚜벅이였던 내가 아이를 데리고 체험하기 딱

좋은 곳이 집 근처 숲이었다. 책을 중심에 두긴 했지만, 책만 읽히며 아이까지 집돌이로 만들고 싶지 않았다. 저질 체력 집순이 엄마는 아이와의 반나절 외출로도 빈번히 방전되었다. 하지만 밖에서 직접 뛰고 만지며 즐거워하는 아이가 보였다. 반짝이는 눈으로 나가자는 아이를 따라나섰다.

자연에서 직접 경험하고, 책을 통해 경험의 영역을 확장한다.

아이와 도서관에서 책을 읽고, 뒷산으로 향했다. 완만한 산책로를 따라 숲으로 올라갔다. 피톤치드 가득한 맑은 공기가 느껴져서 좋았고, 자동차 같은 위험 요소 없이 자유롭게 뛰어놀 수 있어서 좋았다. 산길을 따라가며 나뭇가지, 돌멩이,

솔잎을 모아 바닥에 얼굴을 그리고 표정을 만들었다. 엄마 표정이 우스운지 까르르 숨이 넘어간다. 책에서 봤던 무당벌레가 너무 작다며 놀란다. 땅강아지, 쥐며느리까지 본 날은 흥분의 도가니였다. 나도 덩달아 신이 났다. 그렇게 집으로 돌아가 직접 경험하고 본 것을 풀어내는 시간은 또 다른 즐거움과 기쁨이었다. 도감이나 백과, 자연 관찰 책을 펼쳐놓고 오늘 본 것에 대해 조잘조잘 이야기하는 아이. 자연이 주는 편안함이 좋았다. 아이는 자연을 생생하게 어루만지고 탐색하며 책으로 더 깊이 알아갔다.

나비를 쫓아다니며 놀았던 계기로 책 속의 손톱만 한 작은 나비도 다 찾아낸다. 마트에 가서 수박을 보고 온 날에는 커다란 수박이 그려진 책을 시작으로 수박 책만 반복해서 보기도 했다. 집 앞 공사장에서 굴착기가 작업하는 모습을 본 날은 하루 종일 중장비 책을 보며 놀았다. 동물원에서 찍은 동영상을 보며 동물도감을 찾아본다.

아이들의 배움의 과정에, 경험은 무엇보다 중요하다. 하지만 직접경험에는 한계가 있다. 독서를 통해 다양한 경험으로 채워준다. 더불어 직접경험을 더 많이 할 수 있도록 도와준다. 책에서 본 것을 직접 경험하게 해 주면 관심이 더 커진다. 자연스레 다른 책으로 연계, 확장된다. 또한 책을 통한 간접경험은 직접경험에 버금가는 경험치를 준다. 집안에서뿐 아니라 놀이터에서의 일상, 도서관에서의 규칙, 유치원이나 학교에서 친구들과의 관계 등 다양한 상황을 미리 체험할 수 있다. 어른들도 이미 겪은 일이나 책을 통해 접해본 일에 대해서는 좀 더 익숙함을 느끼고 부담이 줄어들듯 아이의 일상에 책을 통한 간접경험이 비슷한 상황을 맞닥뜨릴 때, 자신 있게 도전할 수 있게 해 준다.

아이는 직접경험과 간접경험을 오가며 더 큰 세상을 배운다.

> 아이가 아니었다면 길가에 핀 애기똥풀이 내 눈에 들어오기나 했을까?
>
> 관심 있게 보긴 했을까?
>
> 아이와 함께하며 나 또한 자연에 관심을 두게 되었다.

5.
사교성 없는 '아싸' 엄마와 '인싸' 아이들

모든 아이들은 별이고
그들의 존재 자체로 빛을 뿜는다.
_ 데시데리우스 에라무스

"싫어, 더 하고 싶어. 나 혼자 할래."

아이는 울고 있고, 나는 난처해하고 있었다. 아이와 함께 한 엄마들과의 만남은 종종 이렇게 난감한 상황으로 마무리되곤 했다.

"24개월 아이를 키우는 82년생 엄마입니다. 저도 함께 만

나요.” 소심한 엄마가 용기를 내어 육아카페에 댓글을 달았다. 아이에게 친구를 만들어 주고 싶어서였다. 하지만 나의 의도와는 달리 아이들은 즐겁게 노는 시간보다 부딪히는 상황들이 더 많았다. 나는 불편한 마음에 아이에게 양보를 재촉하고 있었다. 이 시기의 아이는 자기중심적이다. 서로 협동하며 놀기가 어렵다. 놀이하다가 아이끼리 다툼이 생기며 곤란한 상황이 빈번히 생기곤 했다. 또래 관계에서 상호작용을 하며 놀 수 있는 시기는 서너 살 이후에나 가능하다.

『아이의 사회성』의 저자 이영애 교수님은 사회성의 기둥을 만드는 시기로 생후 3년 동안 주 양육자와의 관계가 중요하다고 말한다. “유아기 사회성 발달 과정에 있어서 가장 중요한 역할을 하는 것은 주 양육자의 태도입니다. 특정한 사람과의 건강한 애착은 보다 다양한 사람과의 긍정적인 관계 형성에 도움을 줍니다. 태어나서 3년 동안 엄마가 아이와 좋은 관계를 맺었다면 아이는 다른 사람과도 비교적 좋은 관계를 맺어갈 수 있습니다. 이는 아이가 엄마와의 관계에서 서로 만족을 얻을 수 있는 방법들을 온몸으로 익혔기 때문입니다. 아이는 엄마와의 관계를 통해 상대의 말을 잘 들어주고, 마음을 알아주고, 배려하고 협상하는 방법을 꾸준히 연습하게 됩니다.”

만 세 살까지의 주 양육자와의 긍정적인 경험은 아이의 정서와 지능, 사회성 발달에 큰 영향을 준다. 이 시기에 아이와의 애착 형성에 힘써야 하는 이유다. 또래 친구와 갈등 상황으로 부정적인 경험을 자주 하게 되는 것보다 아이의 눈높이에서 엄마와의 상호작용으로 긍정적인 경험을 쌓아가는 것이 아이의 사회성 발달에 더 효과적이다.

엄마 바라기의 시간은 그리 길지 않았다.

어린이집에 가지 않는 아이를 보며 주변에서 한마디씩 하곤 했다.

"아이도 심심할 텐데 왜 아직도 데리고 있어?"

"어린이집에 가서 규칙도 배우고, 친구들과 놀아야 사회성도 생기는 건데."

"엄마도 좀 쉬어야 에너지가 생기지."

종일 아이와 함께하는 하루가 힘들고 어렵기는 했다. 게다가 아이가 하나에서 둘, 셋이 되었을 때는 어린이집에 보내고 내 시간을 갖고 싶은 마음이 굴뚝같기도 했다. 하지만 쉬운 길보다는 제대로 된 길로 가고 싶었다. 3~4년이라는 시간을 아이에게 투자한다는 마음으로 지냈다. 지나고 보니, 엄마 바라기의 시간은 생각보다 그리 길지 않았다.

우려와 달리 지금 우리 삼 남매는 친구들 사이에서 인기가 많다. 교우관계가 좋고 예의 바른 아이로 자라 주었다. 얼마 전 둘째 아이가 말했다.

"엄마, 요즘 내 친구가 엄청나게 착해졌어요. 처음 5학년 시작할 즈음에는 학교에서도 많이 혼나고, 놀면서 욕도 많이 했던 친구인데, 이제 선생님께 칭찬도 많이 받고 욕도 안 해요."

"사실은, 친구가 언제부터인가 게임을 하면서 욕을 더 많이 하더라고요. 그런데 같이 놀다 보니까 나도 한 번씩 욕이 나왔어요. 그래서 친구한테 우리 욕하지 말자고 말했거든요. 욕할 때마다 손목 때리기를 하자고 말했더니, 그 친구가 일주일 동안 한 번도 욕을 안 했어요. 이제 도윤이랑 서준이도 같이 하기로 했어요." 실로 얼마나 아름다운 이야기인가. 서로 좋은 영향력을 주고받는 아이들이 기특해서 가슴이 뭉클했다. 다시 생각해 봐도 참 멋지다.

사회성의 기초를 배운 비결

큰아이 4학년, 둘째 아이 3학년, 막내 아이 1학년의 순서로 학년말 통지표에 적힌 일부 내용 한 토막을 소개해 본다.

"유머가 풍부해 다른 사람들을 잘 웃게 하며 교우관계가 좋고 웃어른께 예의 바르게 행동합니다. 친구들과 갈등이 발생하였을 경우, 이를 해결하기 위한 방법과 대안을 모색해 적절하게 문제를 해결합니다. 모든 사람을 공정하고 공평하게 대우하며 문제를 해결할 때도 공정하게 해결합니다. 성격이 사교적이어서 친구들과 잘 어울리고 인간적인 친화력이 뛰어나 주변에 친구들이 많습니다."

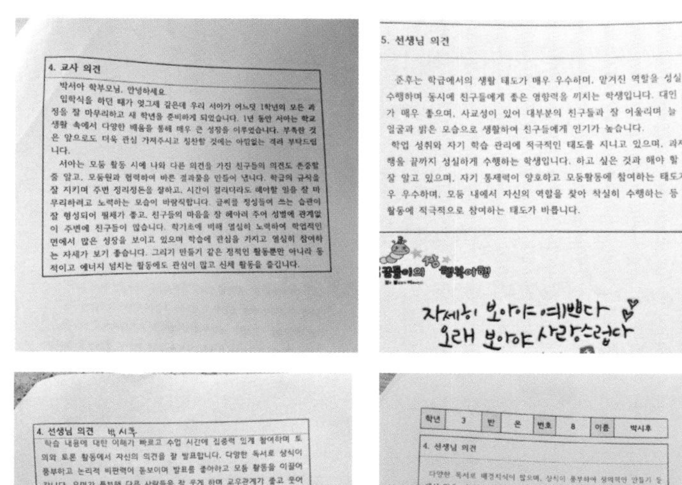

4. 교사 의견

박서아 학부모님, 안녕하세요.

입학식을 하던 때가 엊그제 같은데 우리 서아가 어느덧 1학년의 모든 과정을 잘 마무리하고 새 학년을 준비하게 되었습니다. 1년 동안 서아는 학교생활 속에서 다양한 배움을 통해 매우 큰 성장을 이루었습니다. 부족한 것은 앞으로도 더욱 관심 가져주시고 칭찬할 것에는 아낌없는 격려 부탁드립니다.

서아는 모둠 활동 시에 나와 다른 의견을 가진 친구들의 의견도 존중할 줄 알고, 모둠원과 협력하여 바른 결과물을 만들어 냅니다. 학급의 규칙을 잘 지키며 주변 정리정돈을 잘하고, 시간이 걸리더라도 해야할 일을 잘 마무리하려고 노력하는 모습이 바람직합니다. 글씨를 정성들여 쓰는 습관이 잘 형성되어 필체가 좋고, 친구들의 마음을 잘 헤아려 주어 성별에 관계없이 주변에 친구들이 많습니다. 학기초에 비해 열심히 노력하여 학업적인 면에서 많은 성장을 보이고 있으며 학습에 관심을 가지고 열심히 참여하는 자세가 보기 좋습니다. 그리기 만들기 같은 정적인 활동뿐만 아니라 동적이고 에너지 넘치는 활동에도 관심이 많고 신체 활동을 즐깁니다.

5. 선생님 의견

준후는 학급에서의 생활 태도가 매우 우수하며, 맡겨진 역할을 성실하게 수행하며 동시에 친구들에게 좋은 영향력을 끼치는 학생입니다. 대인 관계가 매우 좋으며, 사교성이 있어 대부분의 친구들과 잘 어울리며 늘 웃는 얼굴과 밝은 모습으로 생활하여 친구들에게 인기가 높습니다.

학업 성취와 자기 학습 관리에 적극적인 태도를 지니고 있으며, 과제 수행을 끝까지 성실하게 수행하는 학생입니다. 하고 싶은 것과 해야 할 일을 잘 알고 있으며, 자기 통제력이 양호하고 모둠활동에 참여하는 태도가 매우 우수하며, 모둠 내에서 자신의 역할을 찾아 착실히 수행하는 등 학습활동에 적극적으로 참여하는 태도가 바릅니다.

4. 선생님 의견 박시후

학습 내용에 대한 이해가 빠르고 수업 시간에 집중력 있게 참여하며 토의와 토론 활동에서 자신의 의견을 잘 발표합니다. 다양한 독서로 상식이 풍부하고 논리적 비판력이 돋보이며 발표를 좋아하고 모둠 활동을 이끌어 갑니다. 유머가 풍부해 다른 사람들을 잘 웃게 하며 교우관계가 좋고 웃어른에게 예의 바르게 행동합니다. 친구들과 갈등이 발생하였을 경우 이를 해결하기 위한 방법과 대안을 모색해 적절하게 문제를 해결합니다. 실수를 배움의 기회로 생각하고 어떤 일을 성취했을 때도 우쭐대지 않는 태도가 돋보입니다. 선입견 없이 모든 사람을 공정하고 공평하게 대우하며 문제를 해결할 때에도 공정하게 해결합니다. 성격이 사교적이어서 친구들과 잘 어울리고 인간적인 친화력이 뛰어나 주변에 친구들이 많습니다. 자신이 세운 목표에 집중하며 주위의 상황에 흔들리지 않고 꾸준히 나아가는 자세를 지녔습니다. 주어진 과제를 항상 열심히 해내려고 노력하는 모습이 모범적이며 자신의 행동에 책임을 집니다. 체육 활동에 적극적으로 참여하며 도전 활동과 다양한 체육 활동을 잘합니다.

학년	3	반	온	번호	8	이름	박시후

4. 선생님 의견

다양한 독서로 배경지식이 많으며, 상식이 풍부하여 창의적인 만들기 등에서 많은 아이디어를 가지고 있음. 기본 학습이 잘 되어 있어 교과 문제 해결력이 뛰어나며, 수업 시간에 자기 생각을 적극적으로 잘 드러내고 이해력과 풍부한 배경지식을 바탕으로 전교과 학습에서 우수한 성취를 보임. 자기의 의사를 조리 있게 표현할 뿐만 아니라 타인의 의견도 존중하는 태도가 바람직함. 성실하고 책임감이 강하여 주어진 일에 최선을 다하여 남에게 신뢰감을 줌. 다정다감한 성품으로 학우들에게 친절하여 인기가 높고, 사교성이 좋아 대부분의 친구들과 사이좋게 지냄. 웃는 얼굴로 학교생활을 하는 학생으로 긍정적인 태도로 학교생활에 임하는 모습이 보기 좋음.

"대인관계가 매우 좋으며, 사교성이 있어 대부분의 친구들과 잘 어울리고, 늘 웃는 얼굴과 밝은 모습으로 생활하여 친구들에게 인기가 높습니다. 친구들에게 좋은 영향력을 끼치는 학생입니다."

"모둠활동 시에 나와 다른 생각을 가진 친구들의 의견도 존중할 줄 알고, 모둠원과 협력하여 바른 결과물을 만들어 냅니다. 친구들의 마음을 잘 헤아려 주어 성별과 관계없이 주변에 친구들이 많습니다."

사교성 없는 집순이 엄마와 가정 보육으로 시간을 보내며 커 온 우리 아이들이 사회성과 관련하여 한결같이 긍정의 말을 들어온 비결은 무엇이었을까?

내가 투자했던 생후 3년, 엄마와의 상호작용과 일상에서 책을 읽으며 간접경험을 통해, 사회성의 기초를 배웠다고 생각한다. 나의 성향이 아이의 사회성에 영향을 미치지 않을지 걱정되는 마음도 있었다. '유치원, 학교에서 잘 적응할 수 있을까? 친구들과 잘 어울릴 수 있을까?' 생각이 많아지기도 했다. 하지만 기우였다. 내성적인 성향의 사교성 없는 엄마와 달리, 삼 남매는 유치원과 학교에서, 그리고 주변 친구들 사이에서 인기 많은 '인싸'로 자랐다. 평생을 아웃사이더로 살아온 나는 우리 아이들이 부럽기도 하다. 사교성 없는 '아싸' 엄마와, '인싸' 아이들이다.

종일 아이와 함께하는 하루가 힘들고, 어렵기는 했다.

게다가 아이가 하나에서 둘, 셋이 되었을 때는

어린이집에 보내고 나의 시간을 갖고 싶은 마음이 굴뚝같기도 했다.

하지만 쉬운 길보다는 제대로 된 길로 가고 싶었다.

3~4년이라는 시간을 아이에게 투자한다는 마음으로 지냈다.

지나고 보니, 엄마 바라기의 시간은 생각보다 그리 길지 않았다.

6.
집순이 엄마가 꿈꾸는 심플라이프

불필요한 것을 제거할수록

필요한 것에 더 집중할 수 있다.

_ 랄프 마스턴

고백하건대, 나는 전업주부 임에도 정리 정돈이 참 어렵다.

'팬트리 정리하기', '옷장 정리하기'

냉장고에 포스트잇을 붙여 놓은 지 2주가 다 되어 가지만 아직 그대로다. 정리를 하기로 다짐하고 며칠 잘하다가도 다시 원점이 되기를 반복한다. 그때뿐이다.

괜찮아, 아이 있는 집이 다 그렇지

영유아기는 발달적 측면에서 매우 중요한 시기이다. 집안일에 밀려 아이의 반응을 놓치고 싶지 않았다. 체력을 아껴서 그 힘을 아이에게 쏟았다. 아이와 눈 한 번 더 맞추고, 놀아주는 것이 중요하다고 생각했다. 하지만 어질러진 집을 보면 한숨이 저절로 나오기도 했다.

'괜찮아, 아이들 있는 집이 다 그렇지. 마음껏 어지르고 놀 수 있게 해주자. 아이들이 더 크고 여유가 생기면 그땐 얼마든지 깨끗하게 정리해 놓고 살 수 있을 거야.'

'지금 이 시기는 다시 오지 않아.'

불편한 마음을 스스로 위로했다. 집안일보다는 아이와의 시간이 더 중요했다.

이제 아이들은 어느덧 초등학생, 중학생이 되었다. 그러나 나는 아직도 계속 그 자리에서 안 할 궁리를 찾고 있다. 마음은 굴뚝 같은데 시작할 엄두가 나지 않았다. 한 번에 빨리 끝내고 싶은 마음에 의욕만 앞선다. 온종일 정리만 하다가 지쳐

버리고, 열심히 정리를 해놓고도 유지하지 못한다. 나는 정리를 못 하는 사람인 걸까.

"세상에 정리를 못 하는 사람은 결코 없다. 정리를 안 하는 사람만 있을 뿐이다."

『하루 15분 정리의 힘』 윤선현 저자의 말이다.

그렇다. 못하는 게 아니라 안 하는 거였다. 이 핑계, 저 핑계로 피하고만 있었다.

집이 정리가 안 되고 엉망이 될수록 괜한 짜증이 나고, 나의 불편한 마음은 이내 아이들에게 향했다. 무기력해지는 원인, 아이에게 화를 내게 되는 원인이 정돈되지 않은 환경에 있는 것 같다. 더 중요한 일을 한다는 핑계로 집안일을 최소화하며 내려놓고 살았지만, 자유로울 수는 없었다. 이제는 도리어 아이들을 위해 정리를 하고 심플하게 살고 싶어졌다.

나의 방 상태 = 내 마음의 상태

어지럽게 널려있는 집이 내 머릿속처럼 보였다. 뒤죽박죽 엉망진창인 내 마음을 고스란히 들켜버린 것 같다. 하기 싫고 어려운 집안일을 조금 쉽게 할 수 있는 방법은 없을까?

우선 집안일을 단순하게 만들고, 청소와 정리를 쉽게 할 수 있는 환경을 만들기로 했다. 삶을 심플하게 만들어 다른 곳에 에너지를 빼앗기고 싶지 않다. 불필요한 것은 정리하고, 소중한 것들만 남기고 싶다. 시도하고 다시 원점이 되기를 반복해 왔지만 포기하지 않고 다시 도전해 본다.

"오빠, 나 내일부터 정리하면서 하나씩 비워 낼 거야."

"만약, 중간에 포기하거나, 한 달 안에 다시 원래대로 돌아간다면 그땐, 다음 달 용돈에서 50만 원 더 줄게." 저녁을 먹으며 남편에게 선언했다. 남편은 그저 말없이 웃고 있었다. 그 미소속의 의미를 잘 안다. 한두 번 해 온 말이 아니니까. 하지만 이번에는 좀 다르다. 할 수밖에 없는 강제된 환경을 만들었으니 시작할 수밖에 없다.

다음날, 바로 실행했다. 먼저 헌 옷 수거를 예약했다. 헌 옷을 거둬가며 책이나 폐가전도 가져간다고 한다. 게다가 돈도 받을 수 있다. 나눔을 할 수 있는 책은 지역 카페에 올리고, 짝이 맞지 않고 낡은 책은 묶어 두었다. 아이들과의 추억을 버리는 것 같아 마음이 좋지만은 않았다. 하지만 이번에는 미련 없이 정리했다. 안 입는 옷과 오래된 가방, 이불을 비닐에 담아놓고, 팬트리 구석에 오랫동안 방치된 데스크톱 PC도 보냈다.

'매일 하나씩 비우기.'
'매일 한 곳 정리하기.'
'사용한 물건 바로 제자리에 두기'

나와의 약속을 정하고 매일 조금씩 정리했다. 겨우 하루 한곳, 하나씩으로 어느 세월에 정리하나 싶지만, 일주일만 지나도 의외로 넓은 공간이 정리되어 있다. 사용한 물건을 제

위치에 놓는 행동만으로도 유지가 쉬워진다. 작은 행동은 습관으로 만들기에 좋다. 시간을 정해서 짧은 시간 동안만이라도 매일 꾸준히 실천한다.

> "집 안을 정리하면 왜 사고방식이며 삶의 방식, 인생이 달라질까? 그것은 정리를 통해 '과거를 처리'하기 때문이다. 정리를 통해 인생에서 무엇이 필요하고 필요하지 않은지, 무엇을 해야 하고 무엇을 그만두어야 하는지를 확실하게 알게 되기 때문이다."
>
> 『인생이 빛나는 정리의 마법』 '곤도 마리에'

나를 위해 첫 번째로 해야 할 일은 정리 정돈이었다.

정돈된 삶을 꿈꾼다. 우리 가족의 보금자리가 마음의 위안이 되고 위로를 받는 공간이 되기를 소망한다.

어지럽게 널려있는 집이 내 머릿속처럼 보였다.

뒤죽박죽 엉망진창인 내 마음을 고스란히 들켜버린 것 같다.

하기 싫고 어려운 집안일을 조금 쉽게 할 수 있는 방법은 없을까?

우선 집안일을 단순하게 만들고, 청소와 정리를 쉽게 할 수 있는 환경을 만들기로 했다.

제2장

아이를 느리게 키운다는 것

1.
더 해주기보다 덜어주기

도의 길은 하루하루 덜어내는 것이고,
덜어내고 또 덜어내면 무위에 이르고,
무위에 이르면 이루지 못할 일이 없다

_『도덕경』, 노자

요즘 우리는 과잉의 시대에 살고 있다. 육아도 예외는 아니다. 아이에게 더 풍족하고, 더 특별한 하루를 만들어 줘야 한다는 의무감으로 너무 많은 물건과 선택에 둘러싸여 있다. 우리는 계속 채우고, 더 많이 누리고 있지만 점점 공허해진다. 왜 그런 걸까?

우리에게 『어린 왕자』의 작가로 익숙한 '생텍쥐페리'는 완벽하다는 것은 무엇 하나 덧붙일 수 없는 상태가 아니라 더 이상 뺄 것이 없는 상태를 말한다고 했다.

덜어내는 방법을 배워야 한다. '다다익선'이 당연시되는 환경에서 무언가를 덜어내고 덜 한다는 것은 우리에게 큰 도전이 된다. 그러나 가벼워질 필요가 있다.

어느 정도의 결핍은 필요하다.

큰아이는 2학년쯤부터 피아노 학원에 다녔다. 같은 반 아이가 연주하는 모습을 보고 부러웠던 모양이다. 하지만 바로 보내주지는 않았다.

"엄마 피아노학원 언제 보내 줄 거예요? 빨리 가고 싶은데"

"그래, 알았어. 엄마가 알아보는 중이야."

"피아노는 한 번 다니면 꾸준히 다녀야 해. 그동안 너도 신중히 생각해 봐."

학원을 비교하고 알아보느라 늦어진 것도 있었지만 일부러 서두르지 않은 면도 있었다. 작은 아이도 마찬가지였다. 시간을 두고 천천히 등록했다. 느긋하게 보냈더니 더 적극적이었다. 진정으로 원할 때 가서 그런지 다니기 싫다는 말 없이 잘 다녔다. 어느 정도의 결핍은 도움이 된다고 생각한다. 요즘은 아이가 필요를 느끼기 전에 부모가 먼저 해주는 경우가 많다. 물론, 서포트해 줘야 하는 부분은 맞지만 조금 과하다는 생각이 들기도 한다.

한편, 너무 넓은 선택지는 아이를 산만하게 만들어 집중을 방해할 수 있다.

첫 아이가 보았던 책을 계속 보관하고 있었다. 하지만 한 번에 전부 꽂아 놓지 않았다. 한 칸, 두 칸 시각을 두고 천천히 채웠다. 지금 볼 수 있는 책에 더 집중할 수 있게 도와주기 위해서였다. 둘째와 막내 아이 또한 마찬가지로, 각자의 칸에 자기만의 책꽂이를 만들어 줬다.

장난감도 많이 사주지 않으려 노력했다. 장난감의 양을 채워주기보다는 놀이 방법과 목적을 달리해서 놀 수 있게 도와줬다. 예를 들면 알록달록 블록으로 과일을 만들어 가게 놀이를 하거나 반찬통, 플라스틱 접시와 컵, 빵칼, 밥주걱, 냄비 등 살림살이로 소꿉놀이를 했다. 우리 아이들에게 장난감을 사주는 날은 생일, 어린이날, 크리스마스 등 대부분 특별한 날이었다. 평상시 아이의 눈높이로 충분히 이야기하며, 나름의 규칙을 만들었기 때문에 단 한 번도 마트에 드러누워 떼를 쓰거나 고집을 부린 적이 없었다.

장난감이 많을수록 창의력 향상에 방해가 된다는 연구 결과가 있다. 오하이오주 톨레도 대학교의 연구 '환경에 있는 장난감의 수가 유아 놀이에 미치는 영향(The influence of the number of toys in the environment on toddlers' play)'에서는 장난감이 많으면 유아의 놀이 질이 떨어진다고 밝히고 있다. 연구 결과, 오히려 장난감이 적을 때 더 정교하고 발전된 방식으로 노는 경향이 크다는 것이다. 아이들에게 한 번에 적은 수의 장난감을 제공할 때, 더 다양한 방식으로 더 오랜 시간 가지고 놀았다. 지나치게 많은 물건은 아이를 산만하게 만든다. 덜어낼수록 적을수록 더 집중할 수 있다.

더 해준 것은 충분한 놀이 시간이었다.

바쁜 스케줄이 없었다. 자유롭게 탐색하며 충분히 놀 수 있었다. 아이에게 너무 많은 교육을 하거나 외부 자극에 대한 의존도를 높이게 되면, 아이 스스로 놀 수 있는 방법을 찾기보다, 누군가가 함께 놀아주기를 바라게 된다. 수동적인 놀이에만 익숙해질 수 있다. 아이의 하루가 정해진 스케줄에, 잦은 외부 활동과 과도한 일정으로 둘러싸여 있는 건 아닌지 확인해 볼 필요가 있다.

하지만, 신생아 시기나 영아기에는 과잉도 필요하다. 내가 그 시기로 돌아가 다시 아이를 키운다면, 더 많이 안아주고, 최선을 다해 달래주며, 충분히 사랑받고 있음을 차고 넘치게 느끼게 해 줄 것이다. 아이와의 애착 형성에 더 노력할 것이다. 하지만 점차 아이가 커 가면서는 사랑과 애정 속에서 적당한 제한과 규칙이 필요하다. 아이의 선택 범위를 좁혀주어야 오히려 안정감을 느끼며 자랄 수 있다.

이제는 안다.... 조금 덜 먹어도 괜찮다는 것을

"배고프면 알아서 먹을 테지."

내가 아이를 따라다니며 밥을 먹일 때, 주변 어른들이 했던 말이다. 아이가 배고픔을 느끼고 먹고 싶어 할 때, 줘야 한다는 것은 잘 안다. 하지만 참 쉽지 않았다. 쫓아다니며 한 번이라도 더 먹이려다가 지치기 일쑤였고, 그럴수록 아이는 더 안 먹는 악순환이 반복되었다. 나는 점점 더 아이 먹이는 것에 연연했다. 그러나 이제는 안다. 조금 덜 먹어도 괜찮다는 것을. 영양가 있는 음식으로 맛있게 준비해 준 다음, '먹고, 안 먹고, 얼마나 먹을지'는 아이에게 맡겨야 한다는 것을 말이다. 얼마 전 저녁 식사를 마친 후에 내가 남긴 밥을 보고 2학년 딸아이가 말했다.

"엄마, 그거 알아? 어른들은 먹고 싶은 만큼 먹고, 마음대로 남겨도 되는데 우리가 남기면 항상 다 먹으라고 하는 거! 너무 불공평해."

맞다. 정말 그랬다. 아이들도 먹고 싶은 만큼만 먹을 자유가 있다. 배고프고 맛있어서 더 많이 먹을 수도 있고, 입맛이 없어서 남길 수도 있다. 더 잘 먹이고 싶고, 건강하게 키우고 싶은 마음에서였지만 결국 아이에게 강요하고 있었다.

우리는 아이를 사랑으로 잘 키우고 싶다. 그러나 그 마음이 과해지면 욕심이 되고 만다. 아이가 원하는 것이 아니라 내가 바라는 걸 해주려는 건 아닐까? 지금은 아이에게 무엇을 더 해주기보다 덜어주는 것이 필요한 때다.

아이에게 너무 많은 교육을 하거나

외부 자극에 대한 의존도를 높이게 되면,

아이 스스로 놀 수 있는 방법을 찾기보다, 누군가가 함께 놀아주기를 바라게 된다. 수동적인 놀이에만 익숙해질 수 있다. 아이의 하루가 정해진 스케줄에, 잦은 외부 활동과 과도한 일정으로 둘러싸여 있는 건 아닌지 확인해 볼 필요가 있다.

2.
개똥철학 '엄마의 소신'

멈추지 않는 이상,
얼마나 천천히 가는지는 문제가 되지 않는다.

_ 공자

'조금, 천천히 가도 괜찮아.' 마음의 여유가 없고 조급함을 느낄 때마다 되뇌는 말이다. 흘러넘치는 정보의 홍수 속에서 남들 다하고, 남들이 좋다는 것에 휩쓸리며 이리저리 끌려다니고 싶지 않았다. 수많은 육아서를 읽으며 취할 건 취하고 버릴 건 버렸다. 그렇게 내가 할 수 있는 것만 실천했다. 육아서 속의 육아법, 교육법이 정답은 아니라고 생각한다. 다만, 엄마의 선택이 있을 뿐이다.

큰 아이는 5살, 둘째와 막내는 4살부터 어린이집에 다녔다. 그전에는 집에서 자유롭게 책을 읽고, 하고 싶은 놀이도 하고, 산책도 하며 여유롭게 지냈다.

"엄마, 민들레꽃 후후~ 하러 가자."

서너 살 무렵, 큰 아이가 산책하러 가자며 말한다. 작은 배낭에 물티슈와 물병을 챙겨서 산책하러 나간다. 길가에 핀 민들레 홀씨는 그냥 지나치는 법이 없다. 마치 생일 촛불을 끄듯 있는 힘껏 후후~ 분다. 하늘로 날아가는 씨앗들이 신기하고 재밌는지 매번 즐거워했다. 아장아장 걷다가 주저앉아 과자 부스러기에 모여있는 개미를 한참 바라본다. 책에서 봤

던 개미가 살아 움직이는 모습은 책 속 세계와는 또 다른 세계였다.

지나가는 자동차 바퀴를 관찰하고, 에어컨 실외기 돌아가는 모습을 보기 위해, 아파트 한 바퀴를 다 돈다. 집으로 돌아가서 낮잠을 자고 일어나면 산책길에서 봤던 것들을 다시 책으로 찾아본다. 아이에게 책은 자연스러운 일상이었다. 아이의 시선과 감정, 컨디션에 맞추니 하루가 점점 수월해졌다. 아이의 눈빛을 읽고, 아이에게 집중했다. 엄마와의 관계 속에서 안정감을 느끼게 해주고, 아이가 준비될 때까지 기다려 주고 싶었다.

예측할 수 있는 하루

두 돌쯤 아이는 시간의 인식은 어렵지만 활동의 순서는

잘 습득했다.

"산책 다녀와서 낮잠 자고 일어나면 할머니 댁에 가자."

활동의 순서로 시간의 흐름을 예측하기 쉽게 이야기해 줬다. 그로 인해 아이는 기다릴 줄 알았다. 단순한 일과가 반복되면 다음 일과를 예측할 수 있고, 그 안에서 아이는 안정감을 느끼게 된다.

"어쩜 아이들이 그렇게 말을 잘 들어요?"

유치원 하원길에 놀이터에서 몇 번 만났던 엄마가 말을 건네왔다. 놀다가 집에 들어가자는 내 말에 싫은 소리 한번 없이 들어가는 아이들이 매번 신기했다고 한다. 사실 한 번에 들어간 건 아니었다. 그 전에 두 번 정도 미리 얘기를 해두었으니까.

"6시에는 들어가야 해. 지금 5시 40분이니까 20분 더 놀 수 있어."

"5분 전에 다시 말해줄게"

아이들은 그 말을 듣고 미끄럼틀을 몇 번 더 타기 위해 급히 올라갔다. 놀다가 한 번씩, 몇 시냐고 확인도 하며.

"이제 5시 55분이야 5분 남았네."

그리고 6시가 되었을 때 손잡고 들어간 거였다. 아이가 시간을 몰랐던 유아기에도 "숫자 5로 변하면 가자"라던가, 긴 바늘이 여기까지(손으로 가리키며) 가면 들어가자는 등 미리 얘기해 줬었다. 그렇게 아이와 약속하고, 상호작용을 하며 신뢰를 쌓게 된다. 아이에게 다가올 상황을 미리 말해주면, 다음 일을 예상할 수 있기 때문에 마음의 준비할 시간을 줄 수 있다. 덕분에 떼쓰는 일이 거의 없었다. 규칙적이고 일관성 있는 평온한 일상으로 '되는 것'과 '안되는 것'을 자연스럽게 배울 수 있었다.

여유로운 마음과 책이 있는 환경

요즘 아이들은 유아기부터 참 바쁘다. 어린이집이나 유치원에 다녀와서도 교구 수업을 비롯해 미술, 발레, 방문 학습지 등으로 하루 스케줄이 채워진다. 그렇게 초등학교에 입학하면 본격적인 사교육이 시작된다. 영어, 수학은 기본이고, 심지어 독서도 학원에 가서 수업을 듣는다. 우리 아이만 경쟁에서 뒤처질 것 같은 불안함에 어느 것 하나 놓치면 안 될 것 같고, 빨리 결과를 보고 싶은 조급증이 생긴다. 그래도 아이가 어릴 때는 제법 잘 한다는 소리도 듣고, 엄마 말대로 잘 따라온다. 하지만 학년이 올라갈수록 불안한 엄마는 아이의 스케줄을 좀 더 타이트하게 잡아가고, 아이는 점점 더 버거워진다.

사교육으로 지친 아이는 책에 손이 갈 수가 없다. 아이가 책을 읽고 싶은 욕구가 생길 수 있도록 여유로운 마음을 갖게 해줘야 한다. 자유롭게 놀면서 에너지를 발산한 아이는 쉴 때 책을 본다. 책이 곧 즐거움이고 쉼이 되기 때문이다. 삼 남매 모두 축구와 피아노 외에는 따로 사교육을 하지 않는다. 하지만 쉽게 이해하고 터득한다. 꾸준히 해 온 책 읽기, 즐겁게 보는 영어 영상, 매일 최소 공부 습관 등 조금씩 가늘게라도 '계속 해 온 힘'이다.

"엄마 문제집 좀 과목별로 사주세요."
"수학 문제집도 좀 더 어려운 걸로 풀어보고 싶어요."

중학교 1학년 큰 아이의 요청이 기특하고 고마웠다. 지필고사를 앞두고 공부의 필요성을 느꼈나 보다. 요즘 아이는 스스로 계획을 세워서 공부하고 있다. 누가 시켜서가 아닌 자기주도 학습으로 말이다. 마음껏 놀아봤기에 진짜 공부를 해야 할 때 힘을 발휘할 수 있다. 우선, 지금까지 해 왔듯 매일 최소 공부를 하면서 서두르지 않으려 한다. 당장 눈앞에 보이는 성과를 이루려면 고삐를 더 당겨야겠지만, 아직 갈 길이 멀다. 차근차근 기본을 따라가며, 독서할 시간을 확보해 주고 싶다. 공부할 힘을 다지는 것이 더 중요한 때라고 생각한다. 소신과 신념을 갖고 흔들리지 않는 나만의 육아를 만들어 간다. 뚝심 있게, 한결같은 마음으로.

> 아이의 시선과 감정, 컨디션에 맞추니 하루가 점점 수월해졌다.
>
> 아이의 눈빛을 읽고, 아이에게 집중했다.
>
> 엄마와의 관계 속에서 안정감을 느끼게 해주고,
>
> 아이가 준비될 때까지 기다려 주고 싶었다.

3.
원 없이 노는 아이들 '자유 놀이'

아이들은 자유와 놀 시간이 필요하다.
노는 것은 사치가 아니라 필수이다.

_ 케이 레드필드 재이미슨

나는 어린 시절 시골에서 자랐다. 대문 앞에서 들리는 친구들 목소리가 반가웠다. 종일 밖에서 놀다가 저녁을 먹고 다시 또 놀곤 했다. 밤에 하는 숨바꼭질은 왠지 더 재미있었다. 산속에서 본부를 만들고, 뽕나무에 올라가 오디를 한가득 땄다. 그 바람에 머리에 거미줄처럼 미세한 줄(뽕나무 해충)을 하얗

게 뒤집어쓰기도 했다. 흙으로 밥을 짓고 풀과 꽃을 빻아 반찬을 만들며 소꿉놀이를 했다. 정월대보름 밤이면 쥐불놀이도 했다. 아이들은 깡통에 구멍을 뚫어 하나씩 들고 나타났다. 추수가 끝난 논에서 깡통에 불을 넣고 빙빙 돌렸다. 고무줄놀이, 사방치기, 비사치기, 술래잡기 등 심심할 틈이 없었다. 여름이면 물가에 가서 물놀이도 했다. 1.5리터 음료수병, 스티로폼이 튜브였다. 자연에서 마음껏 놀아본 기억은 어린 시절의 소중한 추억이다.

반면 우리 아이들은 집에서 뛰지 말라는 말을 일상적으로 들으며 자랐다. 밖에서라도 마음껏 뛰어놀게 해주고 싶었다. 적어도 초등학교까지라도 원 없이 놀게 해주자는 마음이 컸다.

주도적으로 놀 줄 아는 아이들

초등학교에 입학하면서 오히려 시간이 많아졌다. 유치원 때보다 더 일찍 하교하는 까닭이다. 탁! 탁! 탁! 아이들 여럿이 모여 딱지를 치고 있다. 그 안에 둘째 아이 얼굴도 보인다. 둘째 준후는 운동신경이 좋고 승부욕도 강하다. 딱지를 다 땄다며 한 짐 가득 들고 의기양양하게 들어온다. 종일 축구하고, 천 길 따라 자전거를 타며, 돌아오는 길에 올챙이를 잡다가 신발이 다 젖어 오기도 한다. 비가 오나, 눈이 오나, 바람이 부나, 언제 어디서나 주도적으로 놀 줄 아는 아이이다.

그림을 그리고 만들기를 하다가 영화를 보고, 춤을 추기도 하는 막내. 그러다 어느새 널브러져 책을 읽고 있다. 따로 스케줄이 없어서 시간이 넉넉하다.

큰 아이는 네 살 무렵, 한글도 놀이로 터득했다. 동물 이름 단어 카드를 만든 후, 내가 동물을 부르면 아이는 해당 카드를 기차 칸에 차례로 태우며 기차놀이를 했다. 또 페트병으로 만든 볼링핀에 과일 이름을 붙여 나란히 세워놓고, 공으로 굴려서 맞추기 게임을 했다. 아이가 좋아하는 책의 등장인물을 단어 카드로 만들어 역할놀이를 하기도 했다. 재미있게 놀았을 뿐인데 어느새 아이는 한글을 익히고 길가의 간판을 읽었다.

아이는 놀면서 배운다.

자유 놀이를 통해 아이들끼리 룰을 정하며 나름의 규칙을 만든다. 친구와의 갈등 상황을 조율하고 해결하는 방법을 자연스럽게 익힌다. 놀면서 자기 주도성, 창의력, 인내심, 협동심을 기른다. 그러나 요즘 아이들은 놀 줄 모른다. 밖에서도 모여서 스마트폰 게임을 하거나 영상을 보고 있다. 아이들에게 노는 것이 무엇보다 중요하지만, 정작 아이들은 놀 시간이 부족하다. 놀이 조차도 주도적으로 놀지 못한다. 왜 우리 아이들은 충분히 놀지 못하고 있을까? 왜 이렇게 바쁠까.

영유아 시기부터 사교육의 굴레가 시작되고, 취학 전부터 당연히 해야 하는 필수 요소로 통하는 분위기다. 다른 아이와 비교하며 얻게 되는 불안은 사교육의 굴레에서 벗어나지 못하게 한다. 지금 이 시기를 놓치면 영원히 뒤처질 것처럼 불안감을 조장한다. 사교육 업계의 공포 마케팅에 휘둘려선 안 된다. 사교육 의존도가 높은 아이는 오히려 자기 주도적 학습에 취약할 수 있다. 아이들이 충분히 놀 수 있는 시간과 마음의 여유가 필요하다.

"벌써 휴가 다녀오셨나 봐요?"

본격적인 여름이 시작되지도 않았는데, 아이들 피부는 벌써 한 여름이다. 해외여행 다녀왔냐며 묻는 사람이 여럿이다.

그럴 땐 그냥 웃으며 끄덕인다. 이왕이면 해외여행을 다녀와서 그을린 걸로.

> 딱지를 다 땄다며 의기양양하게 한 짐 가득 들고 들어온다.
>
> 종일 축구하고, 천 길 따라 자전거를 타고,
>
> 돌아오는 길에 올챙이를 잡다가 신발이 다 젖어 오기도 한다.
>
> 비가 오나, 눈이 오나, 바람이 부나, 언제 어디서나 주도적으로 놀 줄 아는 아이이다.

4.
디지털 미디어가 멀리 있는 환경

스마트폰 출시 이후 과거 10년간 급격히 진전된 신기술은
우리 삶의 핵심을 식민지화했다는 사실을 깨닫게 한다.

_『디지털 미니멀리즘』, 칼 뉴포트

큰 아이 두 돌 무렵, 종일 켜져 있던 TV를 껐다. 현란한 광고에 시선을 빼앗긴 아이는 그 앞에 한참을 멈춰 서 있었다. 놀다가도 자꾸만 화면으로 시선이 갔다. 그러고는 아예 그 앞에 자리를 잡고 앉았다.

아이 앞에서만큼은 TV를 안 보기로 마음먹었다. 막상 TV

를 끄니 적막함에 적응이 안 됐다. 시간이 멈춘 듯, 하루가 더디고 길게 느껴졌다. 처음에는 TV를 켜달라며 떼를 쓰던 아이는 생각보다 금방 적응했다. 자연스럽게 관심은 다른 곳으로 옮겨갔다. 퍼즐을 맞추고, 블록으로 기차놀이를 하다가 그림을 그렸다. 아이가 원하는 만큼 색종이를 접어주었다. 아이의 요구가 덜 귀찮았다. 아이와의 놀이에 더 집중할 수 있었다. 그렇게 조금씩 나도 견딜 만 해졌다. 아이가 잘 때, 몰아보는 맛도 괜찮았다.

최대한 늦게, 덜 접할 수 있게 도와준다.

TV나 스마트폰 같은 화려한 영상매체에 사로잡히기 전에, 먼저 책 읽기의 즐거움을 알게 해주고 싶었다. 책 읽기의 즐거움을 아는 아이도 책과 미디어 중 선택을 하라면 단연 미디어일 테다. 미디어를 접하지 않고 살아가기는 어려운 세상. 조금씩 적정 허용 시간을 맞춰가며 규칙을 만들어갔다.

"우아, 서아가 스스로 TV를 끈 거야?"

"더 보고 싶었을 텐데 멋지네. 우리 서아!"

최대한 덜 접하게 해주고 싶었다. 아이가 미디어 시청이나 게임을 마음껏 하면서 책도 잘 읽고, 나가서 잘 뛰어논다면 좋겠지만 스스로 절제한다는 것은 쉽지 않은 일이다. 어린 유아기에는 통제를 해주고, 점점 크면서 규칙을 만들어 제한을 해줬다.

이제 주말에만 게임을 할 수 있다. 토요일, 일요일 2시간 30분씩, 막내는 1시간이다. 대신 주중에는 하지 않는다. 저학년까지는 일주일에 한 번, 한 시간이 전부였다. 하지만 조금씩 늘리며 함께 맞춰가고 있다. 카톡도 제한한다. 단체 카톡으로 인한 여러 문제의 우려가 있고, 카카오TV로 영상도 볼 수 있어서다. 또한 큰 아이는 인스타그램을 하고 싶어 한다. 아예 못 하게 할 수는 없고, 이것도 시간 제한을 한다.(인스타그램을 하고 싶으면 주말 게임 시간에서 쓸 수 있도록 한다) 절제하고 조절할 수 있도록 도와주는 것이 내 역할이다. 남편은 너무 절제를 시키면 더 집착하게 만든다고 우려하기도 한다. 하지만 내 생각은 조금 다르다. 최대한 늦게, 덜 접할 수 있게 규제가 필요하다고 생각한다. 조금 더 크면 미디어 노출의 시간은 늘어날 수밖에 없고, 제한하는 것도 더 어려워질 것 아닌가. 대신, 영어 영상은 보고 싶은 만큼 볼 수 있게 해준다. 한글 영상을 제한하니, 영어 영상을 서로 보려고 한다. '심심한데 영어 영상이라도 봐야겠다.'라는 마음이 드나보다.

가상 세계에서는 오히려 과소 보호 받고 있는 아이들

> "많은 부모는 아이가 스마트폰이나 태블릿에 푹 빠져 몇 시간이고 조용히 즐겁게 지낸다는 사실에 안도했다. 그것은 과연 안전한 것이었을까? 그 답은 아무도 몰랐지만, 모든 사람이 같은 행동을 하고 있었기 때문에 모두 괜찮을 것이라고 상정했다."
> "아이들에게 스마트폰을 쥐여줌으로써 역사상 최대 규모의 통제 불능 실험으로 몰아넣었다."
>
> 『불안세대』 '조너선 하이트'

저자는 우리 아이들이 현실 세계에서는 과잉보호를 받고 있지만, 가상 세계에서는 오히려 과소 보호를 받고 있다고 지적한다. 가장 중요한 시기의 아동기에 과도한 미디어에 그대로 노출되고 있다. 아이들을 안전하게 지키고자 자유 놀이의 시간을 빼앗고, 그 시간에 스마트폰과 태블릿의 가상 세계에 빠져들게 되었다. 스마트폰 기반 아동기를 지난 아이들의 미래는 아무도 모른다. 그러나 벌써 주의력결핍, 불안, 우울 등 여러 문제가 발생하고 있다.

넋 놓고 보다 보면 순식간이다. 하나의 영상만 보려던 마음은 어느새 한 시간째다. 매번 알고리즘에 걸려들어 소중한 시간을 날려버린다. 도파민에 중독된 뇌는 더 자극적인 것을 원한다. 어른도 이럴진대 하물며 아이들은 오죽할까. 그래서 나 또한 디지털 디톡스의 시간을 갖는다. 핸드폰 잠금장치 앱 '잠글 시간'을 깔고, 사용 시간을 조절한다. 강제된 환경을 만들어 셀프 제한을 한다. TV의 전원은 여전히 오프다. TV 없이 살 수 없을 것 같았던 나는 요즘 무슨 드라마가 나오는지, 어떤 프로그램이 인기 있는지 잘 모른다.

최대한 덜 접하게 해주고 싶었다. 아이가 미디어나 게임을 마음껏 하면서 책도 잘 읽고, 나가서 잘 뛰어논다면 좋겠지만 스스로 절제한다는 것은 쉽지 않은 일이다. 어린 유아기에는 통제를 해주고, 점점 크면서 규칙을 만들어 제한을 해줬다.

5.
다름을 인정하고 기다려준다

천천히, 천천히, 마음이여.
모든 것은 정해진 속도로 일어난다.
정원사가 백통의 물을 날라 주어도
열매는 계절이 되어야만 열리느니.

_ 까비르

틀린 것이 아니라 다른 것이었다. 각자의 다름을 인정하니 못마땅했던 내 마음이 잦아들었다. 책을 두루두루 가리지 않고 보는 큰 아이와는 달리, 둘째 아이는 평소 만화책을 더 좋아한다. 자기 전에는 글 책도 보긴 한다. 하지만 적극적이지 않다는 것.

형이 보던 책이 있었기 때문에 저절로 환경이 갖춰질 것이라 착각했었다. 아이는 책장에 꽂혀있는 많은 책에는 별 관심이 없었다. 작게 따로 만들어 준 칸에 더 관심을 가졌다. 둘째 아이만의 책을 사주니 비로소 스스로 책을 가져왔다.

'아, 책장에 있는 저 책들은 다 형 책이라고 생각했던 거구나.'

이후, 둘째 아이만의 영역을 조금씩 더 넓혀 주었다. 잔소리하고 싶은 마음을 누르고 재미있는 책을 계속 찾아 줬다. 흥미를 끌기 위해 앞부분을 읽어주기도 했다. 맛보기로 서너 페이지를 읽은 후, 오늘은 여기까지 읽어주겠다고 했다. 그럼, 대부분 뒷이야기가 궁금해서 혼자 더 읽다가 잤다.

얼마 전 둘째가 저녁에 읽던 책을 아침에도 보고 있었다. 만화책이 아니다. 이어서 다음 권까지 읽고 있다.

"무슨 책인데 그렇게 재밌게 보는 거야?"

"건방이의 초강력 수련기예요."

"그렇구나, 무슨 내용인지 궁금하네. 엄마도 좀 읽어봐야겠다."

틀린 게 아니라 다른 거였다. 속도가 다를 뿐 나아가는 방향은 같은 거였다. 다름을 인정하고 기다리니 아이만의 속도로 나아가고 있었다.

우리는 '다름' 속에서 살아간다.

아들 둘을 키울 때는 감정적으로 힘들지는 않았다. 하지만 딸아이는 감성이 풍부하고 예민해서, 잘 토라지고 달래기가 어려웠다. 감정을 받아 주기에 좀 더 어려움을 느꼈다. 차라리 아들의 과격한 놀이를 눈감아 주는 편이 더 나았다. 딸과 아들은 다른 게 당연하다. 그럼에도 나는 아들을 키울 때와 비교하며 더 힘든 아이로 생각했다. 내 감정을 조절하지 못하고 아이 탓을 했다. 내 시선이 문제를 만들고 있었다.

우리는 모두 다르다. 외모, 성격, 가치관, 취향 등 어느 것 하나같지 않은 '다름' 속에서 함께 살아간다. 내가 생각하는 잣대로, 아이를 바꾸려고 잔소리하고 다그치다 보니 진짜 문제가 되어버린다. 내가 완벽한 엄마가 될 수 없듯 아이도 다 잘할 수는 없었다. 아이는 모두 다르다. 형제, 남매도 아이마다 성향이 다르기 마련이니까. 차이와 차별은 다르다.

신발 좀 거꾸로 신고, 양말을 좀 뒤집어 신으면 어떤가. 더 기다려 줄 걸. 어설프더라도, 더디 가더라도 더 기다려 줄 걸 그랬다. 걸음마가 조금 늦어도, 한글을 조금 늦게 떼어도 비교하며 조급해 하지 않아도 되는 거였다. 결국 때가 되니 다 해냈다. 엄마의 따뜻한 관심과 격려만 있으면 된다. 이제라도 비교하거나 평가하지 않고, 느긋한 마음으로 기다려 주려 한다. 시행착오 속에 스스로 깨달을 수 있게. 각자의 속도대로 성장할 수 있도록.

틀린 게 아니라 다른 거였다.

속도가 다를 뿐 나아가는 방향은 같은 거였다.

다름을 인정하고 기다리니 아이만의 속도로 나아가고 있었다.

6.
완벽한 엄마는 아닐지라도

만약 내가 완벽함을 추구했다면,
나는 한 문장도 쓰지 못했을 것이다.

_ 마릴루 헨너

우리 엄마가 여느 엄마와 다르다는 걸 알아차린 건 초등학교 1학년 무렵이었다.

"너희 엄마가 뭐라고 말하는지 모르겠어."

"히히히, 웃기다. 뭐라고 말하는 거야?"

의아했다. 나는 무슨 말인지 다 알겠는데 다른 사람들은 잘 못 알아듣는다. 자꾸만 재차 물어본다. 그러나 시간이 지나며 내 눈에도 보이기 시작했다. 여느 엄마와 다른 우리 엄마가.

친정엄마는 지적 장애와 청각장애 3급이었다. 그래서 말하는 것도 어눌하셨다.

"너희 엄마가 배 속에 있을 때 외할머니가 편찮으셔서, 독한 약을 많이 드셨어. 그래서 어려서부터 고생 많이 하고 컸지."

"그래도 이렇게 결혼도 하고, 알토란 같은 아이 낳아 잘 사는 거 보니 고마워 죽겠다."

"엄마를 불쌍하게 생각하고 너희가 잘 해야 해."

이모는 나와 남동생을 번갈아 쓰다듬으며 말씀하셨다. 이모가 가까이에서 도움을 많이 주시긴 했지만, 아빠가 엄마의 몫까지 감당하시느라 얼마나 어려움이 많으셨을까.

내가 해내야만 하는 것들은 하나둘 늘어났다.

추운 겨울이 되면 온 가족이 함께 목욕을 다녀왔다. 이모네 집 근처 만수탕으로. 하지만, 조금 다른 날이다. 열 살 무렵, 처음으로 아빠 없이 우리끼리만 가던 날이었다.

“아빠는 같이 못 가는데, 엄마랑 태희 데리고 이모 집까지 갈 수 있겠어?”

“응 어디서 내리는지 알아. 갈 수 있어.”

호기롭게 대답했지만, 버스를 타고 가는 내내 심장이 요동쳤다. 행여나 내리는 정류장을 지나치지나 않을까, 창밖으로 향한 시선을 떼지 못했다. 언제 벨을 눌러야 하나.

“이제 내려야 한다.”

“삐~~” 서둘러 엄마와 동생 손을 잡고 정류장에 내렸다. 한참 더 걸어가야 했지만 이미 임무 완수다. 어깨에는 한껏 힘이 들어가고, 발걸음은 가벼웠다. 그러나 이후로 내가 해내야만 하는 것들은 하나둘 늘어났다. 엄마가 여느 엄마와 다르다는 것은 때때로 나에게 부담이 되었다. 그리고 상처가 되기도 했다.

작년, 1학년이던 막내 아이가 서럽게 눈물을 뚝뚝 흘리며 들어왔다.

“왜? 무슨 일이야?”

“연우랑 시현이랑 셋이 놀고 있었는데 연우만 엄마랑 같이 시현이네로 갔어.”

같이 놀던 두 친구끼리만 집에서 논다고 해서 속상했던 모양이다.

"그럼 너도 같이 가지 그랬어."

"엄마랑 같이 가는 거라 나는 안된대."

이래서 아이 친구 엄마와 교류가 있어야 하나보다. 그런데 우는 아이를 달래다 보니, 이 상황이 낯설지 않았다. 문득 어릴 적 나의 상처가 겹쳤다.

엄마는 그 자리에서 최선을 다한 거였다.

시골 마을 부녀회 모임이 있던 날, 동네 엄마들이 모두 한 친구의 집으로 모였다. 아이들도 엄마를 따라 그 집으로 가고 나니 밖에는 나 혼자만 덩그러니 남았다. 어린 마음에도 속이 상했다.

'왜 우리 엄마만 저기에 없는 거지?'

나도 함께 놀고 싶었지만, 선뜻 말하지 못했다. 친구 집 앞을 서성이다가 용기 내 친구를 불렀다.

"지영아, 놀~자~"

아이들 몇 명이 빼꼼 얼굴을 내밀었다.

"안돼, 너희 엄마는 여기 없잖아. 다음에 놀자."

그 말에 어떤 대답을 했는지는 모르겠다. 하지만 돌아서는 순간, 참았던 눈물이 하염없이 흐르던 것만은 또렷이 기억난다. 집으로 돌아가는 내내 작은 어깨를 들썩이며 숨죽여 울었다.

어린 내가 애처로워 가슴이 아려온다.

'그래도 우리 서아는 엄마에게 말할 수 있구나.'

나는 말할 수 없었다. 왜 우냐고 묻는 엄마에게 아무 말도 하지 않았다. 어린 마음에도 그래야 할 것 같았나 보다. 철없던 사춘기 시절, 엄마를 창피해하고 숨기도 했다. 원망하며 상처 주는 말로 아프게도 했다. 하지만 내가 아이를 이만큼 키워보니, 우리 엄마가 참 대단한 거였다. 보통의 엄마들도 감당하기 힘든 그 지난한 시간을 어찌 지나왔을까. 다른 엄마가 되고 싶어서 부단히 노력했다. 그래서 내가 더 나은 엄마 이기는 한 걸까. 우리 엄마처럼만 하면 되는 거였다. 엄마는 그 자리에서 최선을 다한 거였다. 뭘 더.

나는 아이들에게 어떻게 비칠까? 어떤 엄마일까?

우리 아이들은 결핍을 모르고 크길 바랐다. 완벽한 엄마가 되고 싶었다. 하지만 빈틈투성이 엄마라는 사실을 들켜버린 지 오래다.

완벽한 엄마가 좋은 엄마일까. 아이를 키우는 것은 누구에게나 어렵고 막막하다. 조금 어설프더라도, 실수하더라도 인정하는 엄마의 모습을 보여주면 되지 않을까? 아이로 하여금 실수에 관대해지고, 다시 도전하면 된다는 걸 가르쳐 줄 수 있지 않을까. 빈틈 많은 엄마이기에 숭숭 뚫린 구멍을 메워가며 더 성장하려 애쓴다. 완벽한 엄마는 아닐지라도 적당히 괜찮은 엄마가 되련다.

아이를 이만큼 키워보니, 우리 엄마가 대단한 거였다.

보통의 엄마들도 감당하기 힘든 그 지난한 시간을 어찌 지나왔을까.

다른 엄마가 되고 싶어서 부단히 노력했다. 그래서 내가 더 나은 엄마이기는 한 걸까.

우리 엄마처럼만 하면 되는 거였다. 엄마는 그 자리에서 최선을 다한 거였다. 뭘 더.

7.
멀리 보는 육아, 육아는 마라톤

마라톤은 시작도 중요하지만
끝까지 버티는 것이 더 중요합니다.

_ 무라카미 하루키

육아는 마라톤, 장기전이다. 100m 달리기와 달리 마라톤은 초반에 최선을 다하면 페이스를 유지하기 어렵다. 전략이 달라야 한다. 페이스 조절이 중요하다. 아이를 낳고 가장 힘들었던 건 내가 생각한 방향으로 흘러가는 것이 하나도 없다는 느낌이었다. 모든 것이 낯설고 어려웠다. 미숙하기에 신경이 곤두섰고, 매 순간 최선을 다했지만, 의욕만 앞서고 뜻대로 되지 않는 현실에 좌절했다. 컨디션이 괜찮은 날은 그럭저럭 무난히 넘길 상황들도 지치고 힘든 순간에는 마음의 여유가 없었다.

육아는 체력과의 싸움

임신 막달 어느 날 산부인과 검진을 다녀왔다. 이제 바로 아이가 나와도 무방하다고 한다. 그날 이후, 의식적으로 몸을 더 많이 움직였다. 매일 12층까지 계단을 오르고, 폭풍 걸레질을 했다. 합장 합족 100번을 채웠다. 자연분만으로 순산하고 싶어서 열심히 운동했다. 그러나 나의 노력이 무색하게도 막달에 거꾸로 회전해 버린 아이. 결국 역아로 제왕절개 수술을 했지만, 회복이 빨랐다. 그동안 열심히 해 온 운동 덕분이 아니었을까.

내 체력이 바닥나 지쳐있을 때는 아이의 감정을 받아주기가 어려웠다. 긴 육아의 길에 중요한 건 첫째도 둘째도 체력 관리라고 말하고 싶다. 그때는 몰랐지만, 지금은 말할 수 있는 것, 첫 번째가 엄마의 체력 관리다. 아이를 잘 키우고 싶다면 어떻게든 운동을 하라고 말하고 싶다. 비단 육아뿐일까. 인생의 모든 중요한 일을 앞두고, 중요한 첫 번째가 체력일 테다.

엄마들이여, 아이를 잘 키우고 싶다면 운동을 해라.

하루 10분이라도 투자해야 한다. 나는 못했다. 운동도 에너지 소비, 시간 낭비 같았다. 하지만 지금은 확실히 안다. 육아는 체력과의 싸움이란 걸. 그래서 엄마야말로 운동은 필수로 해야 한다는 걸.

순산하기 위해 있는 힘을 다해 오르던 계단을, 이제는 나의 체력을 위해 오른다. 숨이 턱까지 차오르는 순간 땀이 비 오듯 쏟아지지만, 성취감에 기분만은 상쾌하다.

> "이루고 싶은 게 있다면 체력을 먼저 길러라. 네가 종종 후반에 무너지는 이유, 데미지를 입은 후에 회복이 더딘 이유, 실수한 후 복구가 더딘 이유 모두 체력의 한계 때문이야. 체력이 약하면 빨리 편안함을 찾게 되고, 그러면 인내심이 떨어지고, 그 피로감을 견디지 못하면 승부 따위는 상관없는 지경에 이르지. 이기고 싶다면 네 고민을 충분히 견뎌줄 몸을 먼저 만들어. 정신력은 체력의 보호 없이는

쓸모없는 구호에 불과해."

_ 드라마 〈미생〉에서

나를 위한 보상, 충전의 시간

아이를 온전히 사랑으로 잘 키우려면 나를 먼저 사랑하고, 돌봐야 한다. 주말, 가끔 잠깐이라도 아이를 아빠에게 맡기고, 나를 위한 시간을 가져보면 어떨까. 여의찮다면 아이가 잘 때, TV나 핸드폰을 보는 대신, 좋아하는 간식과 함께 책을 읽으며 티 타임을 갖는 것도 좋겠다. 나를 채우는 시간. 입이 즐겁고, 마음이 충만해진다. 짧은 시간이라도 혼자만의 시간을 가지면 기분 전환이 되고, 충전이 되어 육아에 힘이 난다. 그러니 의도적으로라도 틈틈이 나를 위한 시간을 만든다.

더불어 꾸준히 나를 가꾼다. 물론 그럴 여력이 없다는 것은 잘 안다. 하지만 의식하고 노력하면 가능하다. 비비크림이라도 바르고, 간단히 5분 화장이라도 했다. 외출할 일이 없어도 매일 화장을 한다. 외모를 가꾸는 것은 나를 위한 투자가 되고 보상이 된다.

모든 에너지를 아이에게 올인해 버리면 쉽게 방전되고 만다. 에너지 분배가 중요하다. 아이의 마음을 받아주기 힘들고, 짜증 섞인 목소리가 자주 나올 땐 충전의 시간이 필요하다는 걸 알아차렸다. 육아서는 나에게 배터리 충전기였고, 주기적으로 맞아야 하는 예방주사였다. 힘들면 쉬어가도 되는 거였다. 내가 할 수 있는 만큼만 해내도 괜찮은 거였다. 지칠 땐 좀 천천히 가도 괜찮다. 그래야 긴 육아의 레이스를 조절할 수 있다. 매 순간 최선을 다할 필요는 없다. 육아는 마라톤이다. 멀리 보고 한 템포 쉬어간다.

긴 육아의 길에 중요한 건 첫째도 둘째도 체력 관리라고 말하고 싶다.
그때는 몰랐지만, 지금은 말할 수 있는 것, 첫 번째가 엄마의 체력 관리다.
아이를 잘 키우고 싶다면 어떻게든 운동을 하라고 말하고 싶다.
비단 육아뿐일까. 인생의 모든 중요한 일을 앞두고, 중요한 첫 번째가 체력일 테다.

제3장

아이의 삶에 촉촉하게 스며드는 가랑비 독서

1.
만만하고 재미있는 책 '관심사'와 '흥미'로

가벼운 책 읽기는
더 깊이 있는 책 읽기로 가는 교량 역할을 한다.
더 많은 책을 읽도록 동기를 부여하고
더 어려운 책을 읽을 수 있는 언어능력을 키워 준다.

_ 크라센

책을 읽을 때는 옆에서 불러도, 뭘 물어봐도 대답이 없다. 아이가 이렇게 책에 몰입하는 힘은 무엇이었을까? '관심사'와 '흥미'였다. 관심 있는 분야의 책을 읽으며 호기심을 충족했

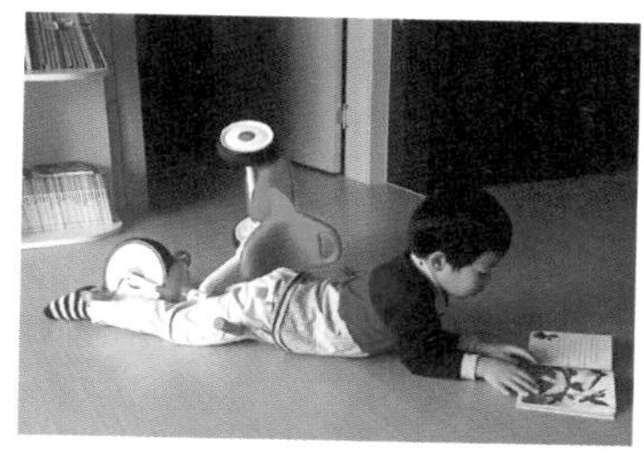

다. 재미있게 푹 빠져 읽는 경험으로 자연스럽게 '책은 즐거운 것'이 되었다.

만만하고 재미있는 책을 많이 읽을 수 있게 해줬다. 만화책을 읽는 것에 관대했다. 만화책을 재미있게 읽다 보면 글줄책을 읽을 힘을 준다. 텍스트를 읽어낼 힘을 갖게 해주는 것이다. 책에 흥미가 없는 아이에게 처음부터 글 책을 들이밀기보다는 만화책으로 흥미를 끌며 징검다리로 적절히 이용한다. 아이가 만화책을 볼 때 관심을 보이는 분야나 주제를 관련된 책으로 옮겨갈 수 있게 도와주면 된다.

즐거움을 위한 독서가 책 읽기의 흥미를 높여준다.

지금은 종방되었지만, 우리 가족은 '도전! 골든벨'을 즐겨 보았다. 서로 "정답!"을 외치며 문제 푸는 재미가 쏠쏠했다. 그날도 가족 모두 골든벨 직전 마지막 문제에 귀를 기울이고 있었다. 설거지하고 있던 나도 잠시 하던 일을 멈추고 TV 앞으로 갔다. 로봇에 관한 문제였다. 생소한 문제에 돌아서는 순간, 초등학교 3학년이던 큰 아이가 "휴머노이드!"라고 외쳤다. 골든벨 도전자는 다른 답을 적었기에 당연히 아이가 틀렸다고 생각했다. 하지만 '휴머노이드'가 정답이었다. 우리는 마치 월드컵 결승 골이라도 본 것처럼 환호성을 질렀다.

"와.... 시후야, 어떻게 알았어?"

"Why 로봇 책에서 봤었어."

아이는 해당 페이지를 펼쳐서 보여준다. 과연 공부로 접근했다면 초등학교 3학년 아이가 골든벨 문제에 '휴머노이드'라는 답을 생각할 수 있었을까?

『크라센의 읽기 혁명』의 저자 크라센 박사는 가벼운 읽기가 독서에 긍정적인 영향을 준다고 말한다. "독서와 읽기 태도 면에서도 만화책을 많이 읽을수록 즐거움을 위한 독서를 많이 한다는 유사한 결과가 나왔다. 특히 흥미로운 점은 책에 대한 접근성이 확실히 높은 중산층 아이들이 일반적으로 독서를 더 많이 하는 경향이 있지만 저소득층 만화책 애독자들이 만화책을 읽지 않는 중산층 아이들보다 독서를 더 많이 한다는 것이다. 게다가 가벼운 읽기가 어려운 읽기로 가는 교량

역할을 할 수 있다는 증거가 있다. 가벼운 읽기는 독자가 어려운 글을 읽을 수 있도록 언어 기능을 발달시킬 뿐만 아니라 책 읽기에 대한 흥미를 높여준다."

만화책 읽기를 제한적인 표현과 어휘의 한계 등의 이유로 반대하는 의견도 있지만, 그건 어디까지나 옛말이라고 생각한다. 요즘 만화책은 어른이 보기에도 좋은 양질의 어휘와 정보의 책들도 많다. 지루하고 어려운 내용도 학습만화로 접하면 거부감없이 재미있게 읽는다. 저절로 그 안에 담긴 풍부한 정보와 상식을 흡수한다. 학습만화 속의 상식과 지식, 개념 정리 등은 그 나이에 받아들이기 어려운 수준도 쉽게 이해할 수 있게 해준다. 또한 흥미 분야를 파악할 수 있게 해주어 관련 책으로 더 깊이 몰입한다.

아이가 좋아하는 것을 책으로 연결해 준다.

어느 주말 아침, 영화 '해리포터와 마법사의 돌'을 보게 된 날, 큰 아이는 판타지 세계에 푹 빠져 버렸다.

"엄마, 먼저 한글 자막으로 보면 안 될까요?"

"우선 한글책으로 보고, 그다음에 영어 자막으로 보면 어떨까?" 영어 자막으로 보기 전, 스토리를 파악하고 싶어 하는 아이에게 책을 먼저 권했다. 그렇게 책이 배송된 날, 아이는 기다렸다는 듯이 사흘 내내 읽고 또 읽었다. 그리고 이어서 영화도 보았다. '마법사의 돌'부터 '죽음의 성물'까지. 영화를 보면서 책에서 다루지 않은 부분을 찾아내기도 했다. 그 외에도 '찰리와 초콜릿', '마틸다', '스파이더맨', '언더독' 등도 영화와 책을 같이 보았다. 원작이 있는 경우, 책도 함께 읽으면 좋다. 영화를 원작 그대로 구현하는 작품은 없다. 대부분 각색하여 새로운 창작물로 만들어진다. 책과 영화를 같이 보게 됨으로써 차이를 발견하고, 새로운 시각을 가질 수 있게 해준다.

아이가 무엇을 좋아하고, 어떤 것을 궁금해하는지 천천히 관찰했다. 그리고 관심사를 파악해서 책으로 옮겨갈 수 있게 도와줬다. 막 한글을 뗀 아이의 경우, 한글은 읽을 수 있지만, 책은 혼자 읽기를 부담스러워하며 거부하기도 한다. 그런 경우, 만화책으로 읽기 독립까지 쉽게 넘어갈 수 있다. 좋아하는 캐릭터와 실감 나는 그림에 빠져든다. 말풍선 속 만만한 글줄의 흥미진진한 이야기는 아이에게 읽고 싶은 욕구를 갖게 한다.

아이가 좋아하는 것에 더 깊이 빠질 수 있게 도와주면 가지가 뻗어 나가듯 관심사가 확장된다. 큐브를 좋아하면 큐브 마스터 책을, 축구를 좋아하면 축구 관련 책을 사준다. 그럼 읽으라고 잔소리하지 않아도 알아서 본다. 축구를 주제로 동화, 만화, 실용서, 자서전, 잡지 등 가리지 않고 주었다. 아이가 좋아하는 분야는 책의 종류나 난이도가 문제 되지 않았다.

책은 재미있어야 몰입할 수 있다. 엄마의 눈에 좋은 책이 아닌, 아이의 시선에서 고른다. 아이가 자발적으로 즐겁게 읽는 경험을 해야 한다. 우리 아이의 관심사와 흥미는 어디에 있을까? 눈을 반짝이며 볼 수 있는 홈런 북을 찾아주고, 재미있게 읽어준다.

'휴머노이드'가 정답이었다. 우리는 마치 월드컵 결승 골이라도 본 것처럼 환호성을 질렀다.

어떻게 알았냐고 물었더니, 'Why 로봇' 책에서 봤다며 보여준다.

과연 공부로 접근했다면 초등학교 3학년 아이가 '휴머노이드'라는 답을 생각할 수 있었을까?

2.
역세권보다 더 좋은 '도세권'

도서관을 뒤져보면, 그곳에 온통 파묻어 놓은
보물로 가득 차 있음을 알게 된다.

_ 버지니아 울프

"엄마, 저녁 일찍 먹고, 형이랑 도서관에 가서 책 읽다가 올게요."

걸어서 5분 거리에 공공 도서관이 있다. 슬리퍼를 신고 가도 되는 거리. 찻길도 건너지 않아도 돼서 아이들끼리 가도 안심이다. 차로 10분 거리에는 시립도서관, 국립도서관도 있

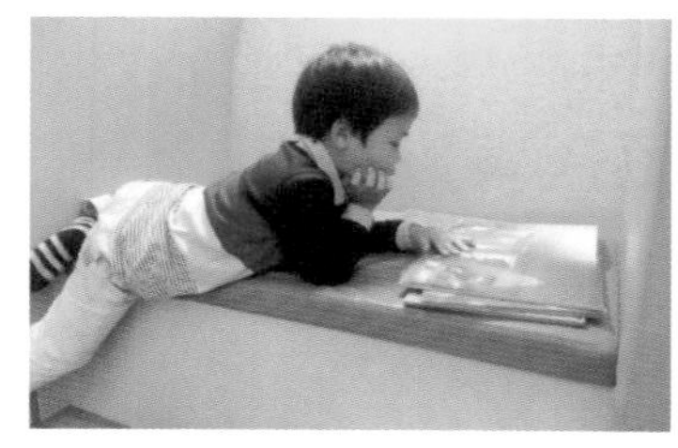

다. 친구들과 놀다가 놀이터를 가듯 도서관에 들러 책을 읽는다. 아마도 만화책일 테지만.

요즘은 동네마다 커뮤니티센터에 공공도서관이 있어 책 읽기 참 좋은 세상이다. 읽고 싶은 책을 마음껏 볼 수 있는 환경에 산다는 것이 얼마나 감사한 일인가. 게다가 무료다. 도서관에 책만 읽으러 가지 않았다. 책을 읽다가 한 번씩 공원을 산책하고, 놀이터에서 놀기도 했다. 보고 싶은 책을 대출해서 1층 카페에 앉아 맛있는 음료를 마시며 읽기도 했다. 거리만큼 마음도 가깝게 느끼기를 바랐다. 여름에는 시원하게, 겨울에는 따뜻하게 풍요로움을 즐길 수 있는 곳. 나는 도서관을 사랑한다.

공공도서관 '상호대출, 희망도서' 서비스

"얘들아, 이리 와서 과일 먹어."

식탁에 사과와 방울토마토를 놓으며 아이들을 불렀다. 소파에 누워서 강아지와 놀고 있던 큰 아이는 식탁 앞이 아닌, 책장 앞으로 향한다. 눈에 띄는 책을 한 권 손에 들고서야 비로소 식탁 앞으로 앉는다. 둘째와 막내도 마찬가지다. 먹을 때는 책부터 손에 드는 아이들. (바른 자세로 읽어야 한다거나 먹을 때는 책을 보지 말라는 등의 제한을 하지 않았다. 편하게, 자유롭게 읽을 수 있어야 한다고 생각했다) 읽는 아이로 성장하기 위해서는 주변에 읽을거리가 많아야 한다. 아이가 셋이라 보고 싶은 책을 다 사 줄 수는 없었다. 취학 전 유아기에는 소유욕도 있고 반복도 많이 하기에 언제든 볼 수 있게 책을 사주는 편이었다. 대신 중고책 위주로. 그래서 거실과 각 방 전면책장도 모자라 팬트리에까지 책으로 채워졌다. 반복이 줄어든 요즘은 책장 서너 칸은 비워놓고 대출하거나 대여한 책으로 꽂아 놓는다.

도서관을 이용하다 보면 종종 내가 찾는 책이 없을 때도 있다. 타 도서관으로 직접 가서 대출을 하기도 했지만, '상호대차'라는 편리한 혜택이 있었다. '상호대차 서비스'란 이용자가 원하는 자료가 해당 도서관에 없으면, 협약된 다른 도서관에 신청하여 받을 수 있는 서비스다. 도서관 홈페이지나 앱에서 신청한다. 가까운 도서관에서 편리하게 받아 보고 반납할

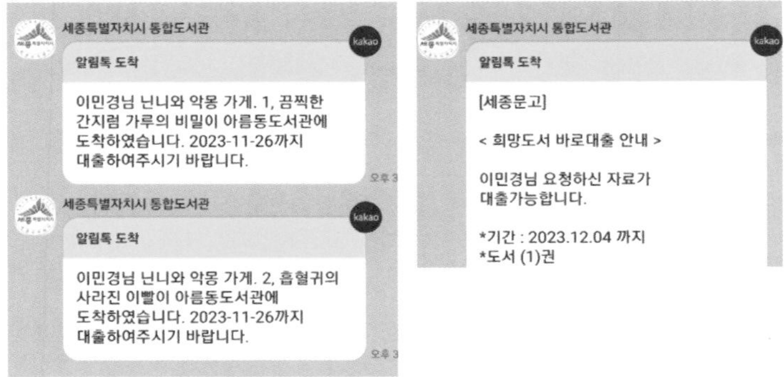

수 있다. 지자체마다 조금씩 다르긴 하지만 대부분 운영하고 있다. 또한 도서관에 없는 신간을 가까운 협력 서점에서 바로 대출, 반납할 수 있는 '희망 도서 신청 서비스'도 있다, 최근에는 예산 부족으로 신청 도서의 권수가 줄기는 했지만 그래도 참으로 감사한 서비스가 아닐 수 없다. 이같이 도서관 대출을 하거나 대여 사이트에서 대여하면서, 소장하고 싶어 하는 책은 선물로 사준다. 책 사주는 돈은 아끼지 않으려 한다. 다만 조금은 합리적으로.

도세권은 축복이다.

요즘은 '역세권'(역 근처)뿐 아니라 '도세권'(도서관 근처), '학세권'(학교 근처), 초품아(초등학교를 품은 아파트), 슬세권(슬리퍼를 신고 가는 거리의 여가 편의시설 근처), 공세권(공원 근처), 숲세권(숲 근처) 등 집의 가치를 올려주는 용어가 많다. 나는 그중에서 도세권이 가장 가치 있다고 생각한다. 책을 무료로 얼마든지 볼 수 있는데 가깝기까지 하니 더없이 좋다. 막내도 혼자서 읽는 지금은 각자 조용히 앉아 읽을 수 있어 참 행복하다.

아이들을 학교에 보내고, 도서관으로 출근한다. 회사에 가듯, 학교에 가듯 도서관에 간다. 원고를 쓰고, 책을 읽으며 세 시간 정도 있는다. 도서관이야말로 현재 상황에서 나를 위해 투자할 수 있는 최적의 장소다. 부담 없이 마음만 먹으면 갈 수 있는 곳, 내가 원하는 어느 분야든 찾아서 공부할 수 있는 곳이다. 도세권을 알아보고 이사한 것은 아니었지만, 가장 좋은 이유가 되었다. 도서관 문턱이 닳도록 드나들고 있다.

요즘은 동네마다 커뮤니티센터에 공공도서관이 있어서
책을 읽기 참 좋은 세상이다.
읽고 싶은 책을 마음껏 볼 수 있는 환경에 산다는 것이 얼마나 감사한 일인가.
게다가 무료다.

3.
여유 있는 시간이 필요해 '빈둥빈둥 멍때리기'

휴식이란,
쓸데없는 시간 낭비가 아니라는 것을 알아야 한다.
휴식은 곧 회복이다.

_ 데일 카네기

나는 캠핑을 좋아한다. 일상에서 벗어나 평온한 자연에서 보내는 불편한 하루가 재미있고, 마음에 여유가 생겨서 좋다. 빗소리를 들으며 '비멍', 타오르는 불을 보며 '불멍', 흐르는 물을 보며 '물멍'도 할 수 있어서 좋다. 아무런 생각 없이 가만히

멍때리는 시간을 가질 수 있다. 평소 우리는 쫓기듯 바쁜 일상을 보내며, 휴식을 취할 때도 TV를 보거나 스마트폰을 본다. 뇌가 쉬지 못한다. 잠깐씩이라도 의도적인 멍때리기의 시간이 필요하다. 멍때리는 시간을 통해 영감을 얻고 번뜩이는 아이디어도 얻을 수 있다. 뇌에 활력을 준다.

머릿속은 바쁘게 움직이고 있는 공상의 시간

아이가 빈둥빈둥 뒹굴며 심심해하는 모습을 보면 괜히 마음이 불편했다. 어떻게 재미있게 놀아줘야 하나 고민했다. 하지만 아이들도 아무것도 안 할 자유가 있는 거였다.

5학년 둘째가 책을 읽다가 덮고는 소파에 드러누워 멍하니 있다. 그리고 이내 달콤한 낮잠에 빠진다. 놀이에 집중하다가, 책을 읽다가, 아무것도 안 하고 가만히 있기도 했다. 아이들은 느긋하고 여유로운 환경에서 창의적으로 놀고, 그런 시간을 통해 쌓인 감정이나 스트레스도 풀게 된다. 멍때리는 시간은 그냥 흘러가는 시간이 아니라 무엇을 하며 시간을 보낼지 궁리하는 시간이었다. 빈둥거리고 있지만 머릿속은 바쁘게 움직이고 있는 공상의 시간이다. 자기 주도성이 길러지고 창의력이 샘솟는다. 개입하고 싶은 마음을 참아야 한다. 과도한 인풋의 시대에 멍때리는 시간이 더 필요해졌다. 가만히 있는 시간을 아까워하지 않는다.

아이를 심심하지 않게 해줘야 한다는 마음에서 벗어난다.

미국의 뇌과학자 마커스 라이클 박사는 지난 2001년, 뇌 영상 장비를 통해 사람이 아무런 생각을 하지 않고, 휴식을 취할 때 활성화되는 뇌의 특정 부위(내측전전두엽피질, 후대상피질, 두정엽피질)를 알아냈다. 그리고 이 부위를 '디폴트 모드 네트워

크(default mode network)' 라고 이름 붙였다. 마치 컴퓨터를 리셋하면 초기설정으로 돌아가듯 멍때리며 휴식할 때, '디폴트 모드 네트워크'가 활성화되고 창의력 지수도 높아진다는 연구 결과를 발표했다.

그뿐만 아니라 하버드 의대 정신과 '스리니 필레이' 교수도 그의 저서 『멍때리기의 기적』에서 "가장 기본적이고 폭 넓은 의미에서 비집중은 뇌를 준비하고, 충전하고, 조정해서 필요할 때 창의성을 발휘할 수 있도록 휴식을 주는 과정이다."라고 말한다.

심심하고 조금 느슨해도 괜찮다. 아이를 심심하지 않게 해줘야 한다는 마음에서 벗어나자. 심심하게 놔두었더니 오히려 더 잘 논다. 종이컵, 페트병, 병뚜껑, 반찬통, 과자 상자 등 주변에 있는 물건으로 스스로 놀이를 만들고, 상상한다. 종이접기를 하고, 그림을 그리고 책도 읽으며 주도적으로 논다.

멍하니 자신의 세계에 빠져 사색과 공상을 할 수 있게 놔뒀다. 마음껏 '뻘짓'을 할 시간을 주고, 재미없으면 읽지 않을 자유, 하기 싫으면 안 해도 되는 자유, 아무것도 하지 않을 자유를 줬다. 아이가 멍때리며 가만히 있을 때, 뇌가 창의적인 활동을 하는 순간이다. 아이에게 여유로운 시간을 준다. 심심할수록 똑똑해진다.

> 멍때리는 시간은 그냥 흘러가는 시간이 아니라,
> 스스로 무엇을 하고 시간을 보낼지 궁리하는 시간이었다.
> 빈둥거리고 있지만 머릿속은 바쁘게 움직이고 있는 공상의 시간이다.

4.
독후활동을 꼭 해야 한다고?

반드시 읽어야만 하는 책,
행복과 교양을 위한 필독 도서 목록 따위는 없다.
단지 각자 나름대로 만족과 기쁨을 맛볼 수 있는
일정량의 책이 있을 뿐이다.

_ 헤르만 헤세

육아서나 블로그를 보면 책을 읽고 독후 활동도 열심히 해 주는 부지런한 엄마들이 많았다. 솜씨도 좋고 정말 대단하다고 생각했다. 그러나 딱 거기까지였다. 책을 읽고 무언가를 또

해야 하는 것이 어렵게 느껴지고, 숙제로 여겨졌다. 부담이 되었다. 귀차니즘 게으른 엄마에겐 심플하게 읽어 주는 것이 베스트였다. 기본에 충실한 독서. 아이들이 좋아할 만한 책을 찾아 무식하게 읽어 주기만 했다.

독서를 좀 더 잘할 수 있도록 돕는 보조 수단일 뿐

놀이처럼 가볍게 시도는 해봤다. 예를 들면 책 속 노랫말에 음을 붙여 즉흥적으로 노래를 불러주거나, 책에 나오는 과일을 실제로 먹어보고 만져보게 해줬다.

또한 책을 읽고 간단하게 대화를 나누기도 했다.

"그런데 마트 아주머니가 왜 따라 나오셨더라?" (진짜 모르겠다는 표정으로)

"예나가 거스름돈을 덜 받아 가서요."

"아~ 근데 서아는 돈 내고 거스름돈 계산할 수 있니?"

"당연하죠. 근데 내가 계산 안 해도 알아서 주시니까...."

"그래도 내가 알고 있어야 제대로 받은 건지 확인할 수 있겠지?"

아울러 아이가 궁금해하는 질문에 성심껏 대답해 주었다. 답변하며 읽어 주느라 그림책 한 권을 읽는 데 한참이 걸리기도 했다. 할 말이 많은 아이는 다음 페이지를 넘기지 못하게 내 손을 붙잡고 말하기도 했다. 아이가 원하는 만큼 이야기를 나누며 읽어 줬다.

이처럼 아이는 단순한 활동만으로도 충분히 좋아했고, 나 또한 따로 준비하는 부담이 없어 어렵지 않았다.

『초등 독서 바이블』의 저자 구근회 소장은 아이들이 '독서를 싫어하는 이유'로 첫 번째는 '쓰기 싫은 독후감', 두 번째는 '읽기 싫은데 억지로 읽어야 하는 추천 도서 또는 필독서'라고 말한다. 세 번째는 '독서 골든벨 또는 독서 퀴즈왕'이었다. 세 가지 이유의 공통점은 독서를 '강요'한다는 느낌이다. 본래의 취지와는 다른 결과다. 형식적인 글쓰기로 독서의 즐거움보다 부담감을 느끼게 되고, 아이의 수준이나 흥미를 고려하지 않은 추천 도서, 필독서 읽기는 오히려 독서를 멀리하는 아이로 만들기 쉽다. 한두 권의 도서를 정해주고, 퀴즈대회를 여는 것은 독서를 암기하듯 공부하는 또 다른 시험이 될 뿐이다. 독후 활동의 목표가 무엇일까? 독서를 좀 더 잘할 수 있도록 돕는 보조 수단일 뿐이다. 그로 인해 독서가 하기 싫어진다면 안 하는 것이 낫지 않을까? 스스로 즐기는 독서가 되어야 한다. 더 잘 해주려고 하다 지치지 말자. 담백하게 책만 읽어줘도 충분하다.

> 귀차니즘 게으른 엄마에겐 심플하게 읽어 주는 것이 베스트였다.
>
> 기본에 충실한 독서. 아이들이 좋아할 만한 책을 찾아
>
> 무식하게 읽어주기만 했다.

5.
책으로 자연스럽게 인성, 감성까지

좋은 인성은
일주일이나 한 달 만에 형성되는 것이 아닙니다.
그것은 매일 조금씩 조금씩 만들어집니다.

_ 헤라클레이토스

'나무가 준 선물'이라는 감성 동화책이 있다. 오래도록 기억에 남는 따뜻한 그림책을 소개해 본다.

들판 한가운데 나무 한 그루, 엄마 다람쥐와 아기 다람쥐가 살고 있었다. 가뭄으로 비가 내리지 않아 물이 다 말라버렸다. "목이 너무 말라요. 물 좀 주세요." 아기 다람쥐는 하늘을 올려다보며 외쳤다. 나무는 아기 다람쥐가 걱정되었다. 그래서 아기 다람쥐를 위해, 온몸의 힘을 모아 나뭇잎에 방울방울 물방울을 만들었다. 하지만 턱없이 부족하다. 여전히 목이 마르다. 결국 열이 나는 아기 다람쥐. 마음 아픈 나무는 다시 한번 있는 힘껏 힘을 주었고, 이번에는 나무 밑동에 조금씩 물이 차오르기 시작했다. 마침내 엄마 다람쥐와 아기 다람쥐는 마음껏 물을 마실 수 있게 되었다. 그러나 결국 나무는 메말라 쓰러지고 만다. 아기 다람쥐는 나무의 희생을 고마워하며 엄마 품에서 펑펑 운다. "나무는 결코 우리 곁을 떠난 게 아니야. 우리 마음속에 옮겨져 자라고 있을 뿐이야." 그 눈물은 다시 샘을 이루고, 엄마와 아기 다람쥐는 이따금 샘을 찾아 나무를 추억한다.

아낌없이 주는 나무의 그림 책판 같은 느낌이다. 이 책을 읽고 큰 아이는 눈물이 맺혔다.

"불쌍한 나무…."

"다 주지 말고 조금만 나눠주지…."

아이는 감정이입을 하며 같이 마음 아파했다.

책을 읽으면 자연스럽게 공감 능력을 키우고 감성을 기른다. 책을 통한 자연스러운 배움은 엄마의 잔소리보다 더 효과적이다. 아이는 일상과 맞닿아 있는 익숙한 이야기를 읽으며 공감한다. 새로운 상황에 두려움을 느낄 때도, 책으로 먼저 경험하면 쉽게 적응할 수 있다. 유치원에 다니기 전, 책을 읽으며 미리 연습했다. 일상에서 벌어질 만한 재미있는 이야기를 통해 자연스럽게 자신감을 키웠다. 미리 간접경험을 하게 된다. 친구 관계에서의 양보와 절제를 배우고, 존중과 배려를 배운다. 어른에 대한 예의와 예절을 익힌다.

다가올 '인공지능' 시대의 중요한 가치는 '인성'과 '감성'이다.

이지성 작가는 그의 저서 『에이트』를 통해 말한다. "지금 기계처럼 일하는 사람들은 앞으로 더 나은 기계인 '인공지능'에 대체될 것이다. 인간 고유의 활동인 독서, 사색, 성찰 등을 통해 자신을 새롭게 만들어가고 있는 사람들은 '인공지능'에 대체되지 않을 것이다. 아마도 '인공지능'에 지시를 내리는 존재가 될 것이다."

고 이어령 교수님 또한 다가올 인공지능 시대에 대해 "말과 인간의 경주는 인간이 무조건 진다. 그렇기에 인간이 말 위에 올라타는 것이다. 인공지능 역시 마찬가지다. 인간은 '인공지능'에 올라탈 수 있을 것인가, 없을 것인가? '인공지능'에 올라탈 수 있는 사람은 과학자가 아니다. 사랑하고, 행복을 추구하고, 어려운 사람에 대해 아픔을 느낄 수 있는, '인간 지능'을 가진 사람이다."라고 말했다.

미래에는 '인공지능'에 지시를 내리는 계급과, 지시를 받는 계급이 생긴다고 한다. 그렇다면 '인공지능'에 올라타고 지시를 내리는 계급은 어떤 사람일까?

인성, 감성, 공감 능력과 창의력, 상상력을 키운 사람이다. 아직 먼 이야기 같지만, '인공지능' 시대는 빠르게 다가오고 있다. 지금과 같은 주입식, 암기식 교육으로는 '인공지능'을 넘어설 수 없다. '인공지능'에 지시를 내릴 수 있는 사람이 되기 위해서는 창조적이고 따뜻한 사람으로 성장할 수 있어야 한다. 다른 방식의 교육이 필요한 시점이다. 책을 읽으면 지성뿐 아니라 인성, 감성까지 길러진다. 아름답고 감동적인 이야기는 주인공을 동일시하며 닮고 싶은 마음이 생긴다. 책 속 인물이 갈등을 해결하고 어려움을 극복해 나가는 과정을 읽으며, 자연스럽게 타인의 감정을 이해하는 공감력이 생긴다. 배려와 사랑을 배우며 감수성이 풍부해진다. 이처럼 책을 꾸준히 읽으면 미래를 준비할 '인간 지능'을 기를 수 있다.

'인공지능'에 지시받는 사람으로 키울 것인가, 지시 내리는 사람으로 키울 것인가.

> 유치원에 다니기 전, 책을 읽으며 미리 연습했다.
>
> 일상에서 벌어질 만한 재미있는 이야기를 통해 자연스럽게 자신감을 키웠다.
>
> 미리 간접경험을 하게 된다.
>
> 친구 관계에서의 양보와 절제를 배우고, 존중과 배려를 배운다. 어른에 대한 예의와 예절을 익힌다.

6.
책을 좋아하는 아이로 자라는 비결 '가랑비 독서'

한 문장이라도 매일 조금씩 읽기로 결심하라.
하루 15분씩 시간을 내면 연말에는 변화가 느껴질 것이다.

_ 호러스맨

아이를 키우며 제일 어려운 부분이 욕심을 내려놓는 것이 아닐까. 의도와 달리 아이에게 부담을 주고 앞에 서게 된다. 아이를 위한 책 읽기가 아닌 엄마가 원하는 책 읽기가 되고 만다. 엄마 마음에 욕심이 들어간 순간 아이는 귀신같이 알아챈다. 아이가 책을 얼마만큼 읽는가 보다는 얼마나 재미있게 읽는가가 더 중요하다. 책 읽으라는 잔소리를 아끼고, 흥미 있을 만한 책을 눈에 띄는 곳곳에 무심히 놓아둔다.

매일 한 권씩만 읽어 주기로 했더니 마음이 가벼워졌다.

큰 아이만 있을 때는 읽어 달라는 대로 얼마든지 읽어 줄 수 있었다. 책을 읽어달라는 아이가 기특했고, 책에 폭 빠지는 아이가 신기했다. 온전히 집중할 수 있었다. 순조로웠다. 하지만 동생이 태어나면서 상황이 달라졌다. 책을 읽고 싶어도 엄마가 동생을 재울 때까지 기다려야 했고, 겨우 읽다가도 다시 깨버린 동생으로 인해 멈춰버리기 일쑤였다. 남편이 야간 근무로 집에 없는 밤에는 동생을 씻기고 재우는 동안 홀로 기다리다 지쳐 잠들기도 했다.

그래서 큰 아이는 한글을 일찍 시작했다. 혼자 읽을 수 있게 도와주고 싶었다. 아이가 좋아하는 책 제목을 붙여서 찾기 놀이를 하고, 자동차 이름이나 용어를 써서 놀다 보니 어느새 자연스럽게 익혔다. 그렇게 네 살에 한글을 떼고 다섯 살쯤 혼자 책을 읽게 되었다.

아이가 둘에서 셋이 되니 생각이 더 많아졌다. 서로 먼저 읽어 달라는 아이들을 다 충족시켜 줄 수가 없었다. 기준을 낮게 잡아야 했다.

며칠째 목감기로 말도 제대로 할 수 없던 어느 날도, 주섬주섬 책을 들고 오는 아이를 옆에 앉혔다. 갈라지는 목소리를 쥐어짜 내듯 읽어 줬다. 오히려 아이는 더 귀 기울여 집중했다. 여행을 가는 날도 책을 먼저 챙기고, 명절 할머니 댁에서 자는 날도 책을 읽고 잤다. 그렇게 언제 어느 때나 읽어 준 하루하루, 멈추지 않고 계속 해 온 날이 모여 책을 좋아하는 아이가 되었다. 많이 읽어 주려고 욕심내지 않았다. 권수를 정해 놓지도 않았다. 한 권만이라도 매일 읽어 주기로 목표를

낮게 잡았더니, 마음이 가벼워졌다. 두 권, 세 권 더 읽어줄 여유가 생겼고, 각각 따로 읽어 주기도 수월해졌다.

고학년 아이에게도 꾸준히 읽어 주어야 하는 이유

누군가가 나에게 아이를 키우며 가장 잘한 것이 무엇이냐고 묻는다면, 매일 아이에게 책을 읽어 준 것이라고 말할 것이다. 매일 책을 읽어 주는 건 쉬운 듯 어려운 일이다. 만약 내가 더 많이 읽어주는 것에 초점을 맞추었다면 지속하지 못했을 것이다. 하지만 하루 한 권, 두 권은 아이가 셋이라도 가능했다. 수다쟁이 엄마가 아니었기에 더 노력했다.

그럼, 책은 몇 살 까지 읽어줘야 하는 걸까? 아이가 어릴 때는 잘 읽어 주다가도 읽기 독립을 하면 스스로 읽기를 바라게 된다. 하지만 글을 읽을 줄은 알아도 이해를 할 수 있으려면 시간이 더 필요하다. 5학년 둘째와 2학년 막내는 아직도 자기 전에 읽어주는 시간을 갖는다. 주로 아이가 원하는 책으로 읽어 주지만 내가 선택해서 읽어 주기도 한다. 혼자 읽는 책과 듣고 이해하는 책의 수준은 다르다.

"전문가들의 견해에 따르면, 듣기와 읽기 수준은 중학교 2학년 무렵에 같아진다. 그전까지는 읽는 것보다 더 높은 수준의 것을 듣고 이해할 수 있다. 즉 아이들이 혼자서 읽을 때는 이해하지 못할 복잡하고 재미있는 이야기도 들어서는 이해할 수 있다는 것이다."

_『하루 15분 책 읽어주기의 힘』, 짐 트렐리즈

그러니 고학년 아이에게도 책을 꾸준히 읽어 주어야 한다.

아이마다 속도의 차이가 있을 뿐, 환경을 만들어 주기만 해도 책을 좋아하는 아이로 자란다. 책을 안 보는 아이, 싫어하는 아이라고 미리 이름 붙이고 포기하지 않길 바란다. 아이를 믿고, 책의 힘을 믿고, 지금 이 자리에서 작게 시작해 본다. 아이가 좋아할 만한 재미있는 책으로 하루 한 권, 하루 한 쪽, 하루 십분 매일 읽어준다. 가랑비처럼 조금씩 스며들도록.

여행을 가는 날도 책을 먼저 챙기고,
명절 할머니 댁에서 자는 날도 책을 읽고 잤다.
그렇게 언제 어느 때나 읽어 준 하루하루,
멈추지 않고 계속해 온 날이 모여
책을 좋아하는 아이가 되었다.

7.
시간이 지날수록 경제적인 가성비 육아

독서만큼 값이 싸면서도
오랫동안 즐거움을 누릴 수 있는 것은 없다.

_ 프랑스 철학자, 미셸 몽테뉴

전업주부로 아이 책을 마음껏 사주기는 어려웠다. 남편의 눈치를 안 볼 수는 없기에 나름의 원칙을 세웠다. 멀리 보고 가야 하는 여정에 남편의 동참이 중요했고, 그래서 고가의 전집은 배제했다. 그 시절 '영사'라 불리던 책 판매 영업사원을 한 번도 만난 적이 없다. 2007년쯤 그 당시에도 백만 원을 훌

쩍 넘는 고가의 책들도 많았다. 비싼 책이 좋은 책은 아니라고 생각한다. 저렴한 책도 얼마든지 괜찮은 책들이 많았다. 발행연도가 좀 지난, 한두 권 부족한 책으로 알아보면 말도 안 되게 저렴한 가격으로 살 수 있었다. 아이 혼자 보다가 찢어져도 테이핑해 주면, 그만이었다. 저절로 관대해졌다. 비싼 책 한 세트 들이고 '이게 얼마짜린데'라고 본전 생각 안 할 자신이 없었다. 그래서 중고 책이 마음 편하고 좋았다.

도서 대여로 다양한 책 읽기

소장하고 싶어 하는 단행본은 한 권씩 선물을 주듯 사줬고, 전집류는 새 책도 대부분 10만 원 선 내외로 알아봤다. 도서관에서 대출하고, 온라인 대여도 하며, 어느 정도 원칙을 세워 구매했다. 책을 자꾸 사들이는 나를 못마땅해하던 남편의 마음이 서서히 수그러들었다. 가정 경제에 맞춰 무리하지 않는 선에서 부지런히 알아보는 나의 모습과 책을 좋아하는 아이들의 잔잔한 아웃풋을 보며 오히려 나의 육아를 칭찬하고 지지하게 되었다.

'개똥이네'는 오래전부터 자주 이용하는 중고 책 거래 사이트였다. 대부분의 책을 여기서 산 거라 해도 과언이 아니다. 아이들이 어느 정도 커 가며 반복이 줄어들 즈음에는 대여 사이트도 이용했는데, 큰 아이 때부터 '리틀코리아'를 계속 이용하고 있다. 12개월 무제한 이용권으로 원하는 책을 한 명씩 돌아가며 대여 해주고, 추가로 막내는 단행본 정기구독으로 20권씩 맞교환을 한다. 나이에 맞는 다양한 도서를 선별해 보내줘서 편리하다.

도서 대여의 장점은 도서관에서 인기 많은 책을 기다릴 필요 없이 바로 빌릴 수 있어서 좋고, 택배 상자 그대로 맞교환할 수 있어서 간편하다. 점점 늘어나는 책 보관이나 처분에 대한 고민을 줄여준다. 또한 책 반복이 줄어드는 시기에 새로운 책으로 자주 바꿔줄 수 있어서 다독하기에 좋다. 무제한 대여 서비스를 이용하면 대여 기간도 자유롭게 조정할 수 있다. 가격 대비 합리적이라고 생각한다. '똑똑한 부엉이', '윙크북스', '책 읽는 공룡', '우리 집은 도서관' 등 요즘에는 대여 사이트도 많아졌고, 구비 도서의 종류나 대여방식이 조금씩 다르다. 검색을 통해 비교해 보고 맞는 곳으로 선택한다. 참고로 '우리 집은 도서관' 앱은 다른 곳에 비해 영어 원서 종류가 많아서 영어책 대여할 때 이용하기에도 좋다.

독서는 투자 대비 효과가 큰 교육법

"『명심보감』「훈자편」에서 '遺子黃金滿籯不如一經(유자황금만영불여일경)'이라고 했다. '바구니에 황금이 가득하다 해도 자식에게 경서 한 권 가르치는 것만 못하다'라는 뜻이다. 한 권의 책을 통해 얻을 수 있는 지혜와 통찰력이 황금보다 더 귀하다는 말이다. 당송팔대가의 한 사람인 왕안석은 일찍이 '가난한 사람은 독서를 통해 부하게 되고, 부자는 독서를 통해 귀하게 된다.'라고 했다. 그러니 내 아이를 부하고 귀하게 키우고 싶다면 책 읽기부터 시킬 일이다."

_ 『초등 1학년 공부, 책 읽기가 전부다』, 송재환

아이의 인생에 '황금보다 귀한 선물'을 줄 수 있어서 참 감사하다.

매일 읽어주는 것은 쉽지만은 않았다. 귀찮고 하기 싫은 날도 있었다. 하지만 다시 또 힘을 내어 멈추지 않고 여기까지 와 보니, 이 길이 맞는 길이었다. 독서는 투자 대비 효과가 큰 교육법이다. 다만 기다림이 필요할 뿐이다. 믿고 기다리면 기하급수로 힘이 세진다. 스스로 힘차게 굴리며 수십 배로 불어난다. 어느새 복리로 이자가 붙는다.

아이와 함께하는 시간을 돈 버는 것보다 더 가치 있는 일이라고 말해 주던 남편. 나의 육아를 이해하고 지지해 준 남편에게 새삼 고마움을 느낀다. 어린 시절부터 쌓아온 독서 투자는 이제 조금씩 수익이 되고 있다. 등골 휜다는 아이 셋 사교육비가 없는 것만으로도 돈을 벌고 있는 것 아닌가. 느린 육아는 시간이 지날수록 경제적인 가성비 육아법이다.

책을 사들이는 나를 못마땅해하던 남편의 마음이
서서히 수그러들었다.
가정 경제에 맞춰 무리하지 않는 선에서,
부지런히 알아보는 나의 모습과 책을 좋아하는 아이들의
잔잔한 아웃풋을 보며
오히려 나의 육아를 칭찬하고 지지하게 되었다.

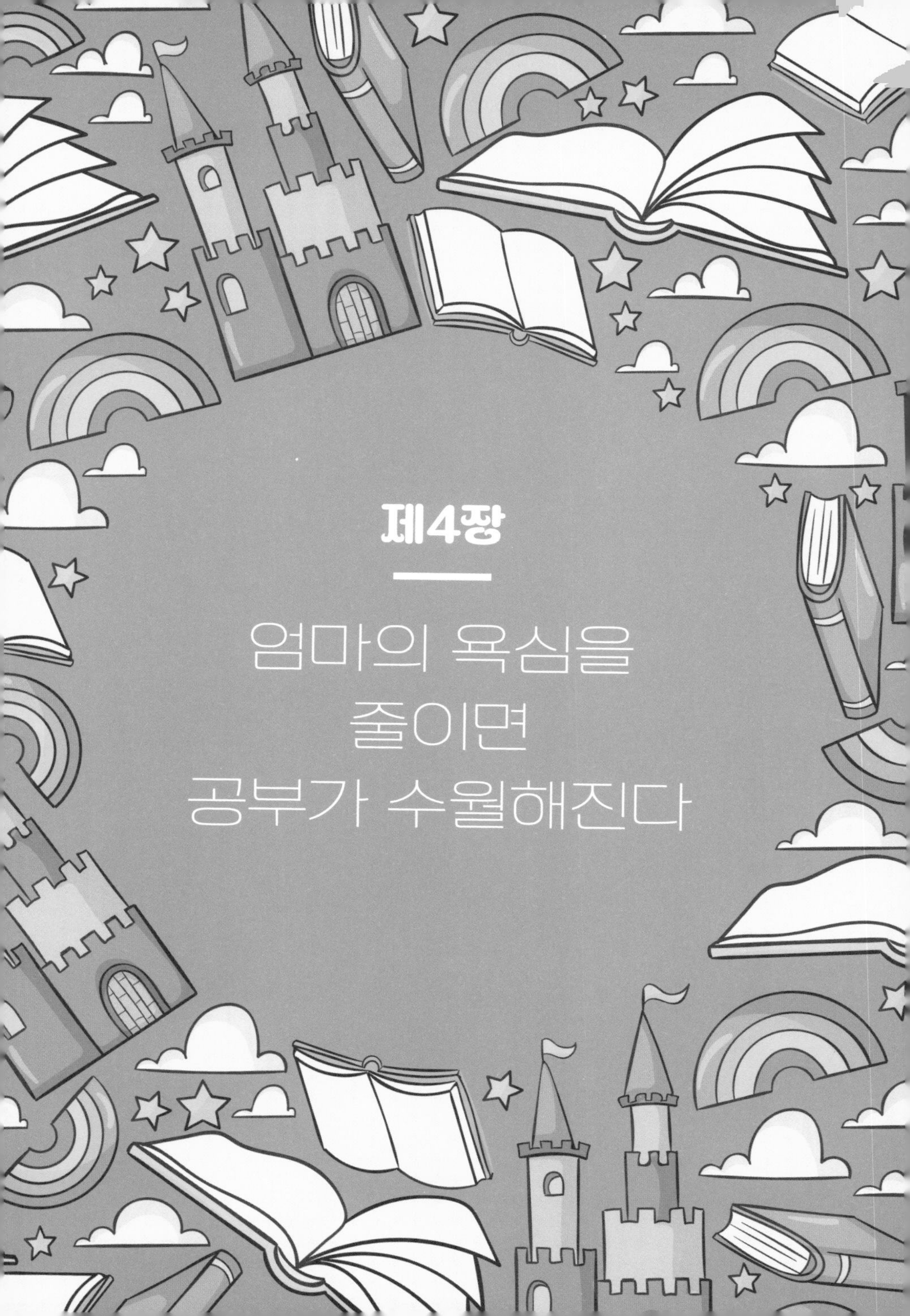

제4장

엄마의 욕심을 줄이면 공부가 수월해진다

1.
매일 아침을 여는 '신문 읽기'

신문은 헤아릴 수 없는 수많은 금보다
더 큰 보물이다.
_ 헨리 워드 비처

일어나자마자 현관문을 여는 아이. 신문을 가지고 들어오는 것부터 하루가 시작된다. 2019년 한일 외교 갈등으로 인해 불매운동이 확산하던 시점이다. 일본 정부가 반도체 생산 과정에서 필요한 품목 3종을 수출 규제한다고 발표하면서 한·일 양국 간의 무역전쟁이 시작되었다. 반일 감정이 확산하면서 일본 물건 불매 운동이 거세게 일고 있었다. 그즈음 어느 날, 학교에서 돌아온 큰 아이가 말했다.

"일본 물건 사지 말아요. 엄마."

"우리가 필요한 걸 일본이 안 팔겠다고 한 거 맞아요? 친구가 말해줬어요. 그런 것도 몰랐냐고 그러더라고요."

집에서 TV를 안 보고, 핸드폰으로 마음대로 검색할 수 없는 아이는 세상 돌아가는 이야기를 전혀 모르고 있었다. 세상 이야기를 궁금해하는 아이에게 정확한 정보를 알려 줄 필요가 있었다.

어린이 신문을 구독하기로 했다.

우선, 인터넷 검색으로 찾아보고 '어린이 동아일보'와 '어린이 조선일보'로 좁혔다. (경제 주간지도 있었지만 '매일' 가볍게 접하자는 내 생각에 맞지 않았다.) 어린이 동아일보는 주 5일 발행되는 일간지다. 동아일보와 함께 구독하면 무료지만, 단독 신청도 가능하다. (지역마다 다를 수 있음) 8면으로 구성되어 있고, 어른 신문보다는 작다. 눈높이 사설, 핫뉴스 브리핑, 오늘의 뉴스, 학습만화, 키즈경제, 월드 뉴스, 뉴스쏙 시사쑥, 오피니언+NIE, 한자 등으로 구성되어 있다. 만화도 있고 아이가 읽기에 더 간결

해서 초등학교 저학년부터 접하기에 좋다.

두 번째로 어린이 조선일보도 주 5일 발행되는 일간지다. 마찬가지로 조선일보와 함께 구독하면 무료지만, 지역에 따라 단독 신청도 가능하다. 일반 조선일보와 같은 크기로, 8면으로 구성되어 있다. 시사체크, 알쏭달쏭 법, 토론 리터러시, 꿀Bee 경제, 만화, 한자, 퍼즐, NIE 교실 등 다양한 콘텐츠가 있다. '어린이 동아일보'보다는 다소 어려운 어휘와 글도 긴 편이라 저학년보다는 고학년 이상 아이에게 더 맞아 보였다.

아이와 함께 도서관에 가서 미리 살펴보고 결정해도 된다. 도서관 정기 간행물 코너에 어린이 잡지와 신문이 비치되어 있다.

살펴보고 고민한 끝에 어린이 동아일보로 신청했다. 부담 없이, 가볍게 시작하기에 낫다고 판단했다. 아이들이 이해하기 쉽게 간단하게 설명되어 있지만, 생각보다 내용이 알차다.

신문을 거부감 없이 받아들이고, 친해지는 방법

신문 기사 제목만 훑거나 만화와 퀴즈만 보더라도 일단 칭찬해 준다. 요즘 이슈에 관해 이야기하며 관심을 유도하는 방법도 있다. 어린이 신문에는 만화, 낱말 퀴즈, 틀린 그림 찾기 등 재미를 더할 수 있는 부분이 많다. 책과 마찬가지로 재미를 앞에 두고 부담을 줄여 주어야 한다. 스스로 신문을 펼치는 것만으로도 대견하게 여긴다. 만화만 보더라도, 한 가지만 읽고 덮더라도, 그림이나 사진만 훑어보더라도 놔둬야 한다. 엄마의 감시와 강요가 없어야 읽고 싶은 마음이 생긴다. 내가 먼저 신문 읽는 모습을 보여 주고, 아이가 관심 둘 만한 부분을 펴 놓기도 했다. SNS나 유튜브의 사실 여부가 확인되지 않은 가짜뉴스에 관해 이야기를 나눴다. 덧붙여 정제된 정보를 제공하는 종이신문의 정확성 등 이점에 대해 말해 줬다. 일반 신문의 스포츠면은 아이가 먼저 관심을 보이는 분야였다. 스포츠면만 보고 덮더라도 더 읽기를 강요하거나 내색하지 않았다. 제목만, 한 면만, 만화만 읽던 아이는 어느새 매일 새 소식을 가져다주는 신문을 기다리게 되었다. 일어나자마자 현관문을 열고 신문을 가져온다.

스마트 폰으로도 손쉽게 정보를 얻을 수 있게 된 세상이다. 그로 인해 단순하고 짧은 텍스트들 사이에서 긴 글을 읽고 이해하는 능력이 점점 약해지고 있다. 신문은 다양한 정보를 제공하며 꾸준히 읽으면 문해력과 사고력을 기를 수 있다. 뇌의 활성화로 기억력을 향상하고, 집중력과 인내력을 키우는 데에도 도움이 된다. 국내외 다양한 사회, 문화적 이슈를 접하며 넓은 시야를 갖게 되고, 비판적 사고를 기르게 된다. 또한 디지털 전자파로 인한 시각적, 정신적 피로도 줄일 수 있다.

중학생 큰 아이는 이제 일반 신문을 보고, 초등학생 둘째와 막내는 어린이 신문을 본다. 매일 신문을 펼치고 그 안에 담긴 따끈한 글을 읽으며 하루를 시작한다.

보고 싶은 부분부터, 보고 싶은 만큼.

각자의 스타일대로 자유롭게.

스포츠면만 읽고 덮더라도 더 읽기를 강요하거나 내색하지 않았다.

제목만, 한 면만, 만화만 읽던 아이는 어느새 매일 새 소식을

가져다주는 신문을 기다리게 되었다.

일어나자마자 현관문을 열고 신문을 가져온다.

2.
조금씩 스며드는 노출 '가늘고 길게 가는 영어'

언어 습득은 출력(output)이 아닌 입력(input)으로부터,
연습이 아닌 이해로 이루어진다.

_ 크라센

책이 있는 환경에서 아이를 키우며, 자연스럽게 영어책도 유아기부터 함께 읽어 주었다. 영어를 학습이나 공부가 아닌, 언어로 접하게 해주고 싶어서였다. 모국어 습득 방식대로 우리말을 익히듯이 우선 영어도 일상에서 많이 들을 수 있어야 한다고 생각했다. 재미있게 놀고 즐기면서 배우길 바랐다.

한글책을 읽어 줄 때, 영어 그림책도 한두 권씩 같이 읽어주었다. 아울러 틈틈이 영어 동요를 들으며, DVD를 함께 보았다. 그저 일상에서 자연스럽게 노출했다. 유아기 영어 그림책은 한두 줄 글밥에 알록달록 놀이 북 형태가 많아서 아이의 흥미를 끌었고, 내가 읽어 주기에 부담스럽지 않았다. 내 발음은 신경 쓰지 않았다. 영어에 친숙해질 수 있도록 재미있게 읽어주려고 노력했다. 영어 동요나 마더구스 노래를 따라 부르며 율동도 하고, 아이가 좋아할 만한 DVD를 골라서 함께 보았다. 스스로 즐기는 시기가 된 후로는 자유롭게 선택해서 보았다.

영어를 자연스럽게 읽게 되었다.

당장 눈앞에 보이는 아웃풋에 연연하지 않고, 길게 보고 꾸준히 가보기로 했다. '영어 소리 노출'에만 집중했다. 어려움과 고비가 없었던 것은 아니다. 큰 아이가 4살이 지날 즈음, 영어책을 거부했다. DVD를 볼 때 한글로 틀어주길 원했고, 한글책만 보려고 했다. 영어책 수준이 한글책 보는 수준을 따라가지 못한 것이 원인인 듯 보였다. 한글책은 긴 글도 스토리에 빠져서 보는 아이였기 때문에 두세 줄 내외의 단순한 내

용의 영어책은 시시해하고 재미를 느끼지 못했다. 더는 진도가 나가지 않았다. 지금 생각하면 '더 노력해 보고, 시도해 볼걸….' 후회도 되지만, 그때는 한계로 느껴졌다. 그렇게 영어책 읽기가 서서히 멈췄고, DVD 시청만이라도 가늘게 이어가며 내려놓았다. 하지만 마음 한쪽에 아쉬움이 남아 있었다. 어느덧 아이는 초등학교에 입학했고, 생각지도 못한 작은 계기 하나가 영어에 다시 불씨를 지폈다. TV 앞에 서 있던 아이가 화면의 영어를 읽고 있었다.

"시후야, 너 영어를 읽을 수 있었어? 어떻게 읽은 거야?"

"몰라, 그냥 읽었어. 왜 엄마?"

대수롭지 않게 말하는 아이 옆에서 나는 너무 신기하고 놀라워서 호들갑을 떨었다. 그리고 상자 속에 방치되어 있던 영어 단어 카드를 찾아와 하나씩 보여주며 물어봤다. 놀랍게도 아이는 다 읽어내고 있었다. 4살 이후의 영어는 영상만 조금씩 노출해 온 게 다인데 무슨 일인가 싶었다. 그 흔한 파닉스나 학습지도 해본 적이 없었다. 쉼의 기간이 꽤 길었음에도 아이는 어떻게 영어를 자연스럽게 읽게 되었을까? 답은 유아기에 짧게나마 몰입했던 영어책 읽기와 가늘게라도 지속해 온 영어 영상 시청에 있다고 생각한다.

온라인 영어 플랫폼을 이용했다.

마음을 다잡고 처음부터 다시 시작했다. 영어 영상을 더 적극적으로 보여주었다. DVD뿐만 아니라 유튜브나 넷플릭스로도 보여 주었고, '다시 어떻게 영어책을 읽어줄 수 있을까'를 고민했다. 아이가 영상을 보는 건 좋아하니까 e-book을 찾아서 보여줬다. 다행히 거부하지 않고 흥미를 보였다. 온라인 영어 도서관 플랫폼은 '리딩게이트', '에픽', '리틀팍스', '리딩앤', '마이온', '라즈키즈'등 다양하다. 이 중 '에픽'과 '리딩앤', '리틀팍스'를 이용해 봤지만, 아이들의 의견에 따라 '리틀팍스'로 정착해서 5년째 이용하고 있다. 영어 동화를 볼 때 눈으로 따라 읽고, 영화를 영어 자막으로 보면서 저절로 집중 듣기가 되었다. 단어를 영어학원 숙제로 억지로 외운 것이 아니라 자신도

모르게 자연스럽게 습득한다.

요즘에는 유튜브에도 영어 영상이 넘쳐난다. 엄마가 옆에서 잘 조절해 줄 수만 있다면, 무료 영상을 얼마든지 이용할 수 있다. 아이의 취향과 흥미에 따라 선택해서 보여 주기만 하면 된다. 또한 책 제목을 유튜브에 검색해 보면 영어로 리딩을 해주는 채널을 찾을 수 있다. 책과 함께 들려주며 활용하기에 좋다. 유튜브 영어 채널은 〈Story Time at Awnie's House〉, 〈Reading is〉, 〈Fairy Tales and Stories for Kids〉, 〈Reading Pioneers Academy〉 등 그야말로 무궁무진하다. 영어책이든 영어 영상이든 아이들이 재미있어 할 만한 것을 찾아주는 것이 중요하다. 재미라는 요소가 빠지면 꾸준히 해 나가기가 점점 더 어려워진다. 독서와 마찬가지로 영어 또한 장기전이기 때문이다. 조금씩이라도 꾸준히 이어져야 한다. 재미있으면 좀 더 쉽게 갈 수 있다.

처음 영어를 시작할 때부터 교과목이 아닌, 언어로서 친숙해지기를 바랐기 때문에 멀리 보고 있었지만, 학교 영어는 덤이었다. 듣기와 읽기가 자연스럽게 되고, 그동안 한글책 읽기도 꾸준히 해 온 덕분에 독해도 된다. 외국어의 기초는 탄탄한 모국어 실력이 뒷받침되어야 한다. 한글책 읽기로 탄탄하게 쌓아놓은 모국어 실력은 시간이 지날수록 더 큰 힘을 발휘했다.

"외국어를 배우는 사람들이 즐겁게 책을 읽으면 단순한 일상대화 수준에서 시작해 차원이 높은 문학 공부나 비즈니스에 필요한 언어를 구사하는 수준으로 발전한다.... (중략) 교실에 앉아 선생님의 수업을 받지 않고도, 의식적으로 공부를 하지 않고도, 심지어 대화를 나눌 사람이 없어도 외국어 실력을 꾸준히 향상시킬 수 있다."
"모국어로 된 책을 재미있게 많이 읽으면 외국어를 읽는 능력도 상당히 발달한다."

_ 크라센의 읽기 혁명 中

즐겁게 책을 읽으며 몰입한 상태에서 언어는 자연스럽게 습득 된다는 것을 여러 연구 결과를 근거로 뒷받침하고 있다.

듣기와 읽기가 기본이 되어야 한다. 충분히 듣고 읽으면 저절로 발화하고 쓰기도 된다. 하지만 그동안 듣기 노출 환경에 비해, 영어책 읽기를 꾸준히 하지 못했다. 읽기 총량이 채워지지 못한 탓인지 발화까지 자연스럽게 이어지지는 못했다. 그래서 낭독, 섀도잉 등 소리를 내어 읽는 연습을 하고 있다. 낭독은 말 그대로 책을 소리 내어 읽는 것이고, 섀도잉은 원어민이 말하는 속도에 맞춰 거의 동시에 따라 말하는 활동이다. 처음에는 따라 읽기로 연습하다가, 익숙해지면 오디오에서 나오는 소리만 듣고 따라 말한다. 반복하는 것이 도움이 된다. 다만 섀도잉은 듣기와 읽기 수준이 어느정도 채워진 후에 진행하는 것이 좋다. 또한, 게임을 하며 스피킹을 유도하는 온라인 프로그램, '호두잉글리쉬'도 있다. 게임 속 캐릭터와 대화하며 말하기 트레이닝을 할 수 있다. 우리 집 삼 남매는 재미있다며 서로 더 하고 싶어 했다. pc용(10세 이상)이 있고, 모바일용은 호두ABC(4~6세 파닉스), 베티아 잉글리쉬(7~9세 학습자 추천)가 있다. 초등학교까지는 '독서와 영어 소리 환경'을 만들어 주기만 해도 된다. 부담 없이 실천할 수 있는 것이 무엇보다 중요하다. 완벽한 방법은 없다. 우선, 부딪치고 시도해 본다.

〈'티끌 모아 영어 흥미' 아이표 영어의 첫 시작〉

결국, 노출이다. 영어 노출만 꾸준히 해줘도 충분하다.

심플하게 시작해 보자! 우선 듣기와 읽기에 올인한다.

1. 기본은 한글책 읽기다. 한글책 읽기로 모국어도 탄탄하게

2. 영어책을 재미있게 읽어주며, 온라인 영어 도서관도 함께 이용하기

3. 틈틈이 영어 동요를 듣거나, 좋아하는 영상 흘려듣기

4. DVD, OTT 영화나 유튜브 영어 영상을 보며 즐기기

우리 집 영어는 아직 현재진행형이다. 계속 인풋이 쌓이고 쌓인다면 아웃풋은 시간문제일 뿐이다. 꾸준히 해나가고 있기에 걱정하지 않는다.

충분히 채우면 넘쳐흐르게 된다. 빨리 결과를 내려는 욕심을 버리고, 조금 멀리 보면 어떨까? 너무 완벽하게 하려고 하면 시작조차 하기 어렵다. 할 수 있는 것만이라도 우선 해보자. 부디 아이의 영어 교육에 작은 힌트라도 될 수 있다면 좋겠다.

그 흔한 파닉스나 학습지도 해본 적이 없었다.

쉼의 기간이 꽤 길었음에도 아이는 어떻게 영어를 자연스럽게 읽게 되었을까?

답은 유아기에 짧게나마 몰입했던 영어책 읽기와, 가늘게라도 지속해온 영어 영상 시청에 있다고 생각한다.

3.
사교육을 줄여야 하는 이유

교육은 그대의 머릿속에 씨앗을 심어주는 것이 아니라,
그대의 씨앗들이 자라나게 해 준다.

_ 칼릴 지브란

"학원 안 보내?"

"중학교는 초등학교 때와는 달라. 더 늦기 전에 보내. 후회하지 말고."

"조금 도와주면 더 잘할 수 있는 애를...."

주변 사람들의 우려 섞인 말에도 흔들림이 없었다. 독서하는 아이는 스스로 공부할 힘이 있다고 믿었기 때문이다. 학원 가느라 숙제하느라 책이 뒤로 밀리고, 독서조차 공부가 되게 하고 싶지 않았다. 독서는 길게 보고, 멀리 보면, 더할 수 없이 좋은 교육 방법이지만 금방 성과가 보이지 않아 지치기 쉽다. 길목마다 나타나는 유혹과 불안을 이겨내지 못하고 포기하고 만다. 유아기부터 책을 읽어주며, 아이의 소소한 아웃풋에도 기쁘고 행복했다. '이 길이 맞는구나. 내가 잘하고 있구나.' 시간이 쌓여가며 더 확신이 생겼다. 확신이 있어야 흔들리지 않을 수 있다. 엄마도 책을 읽어야 하는 이유다.

사교육보다 독서가 먼저여야 한다.

고학년이 되어서도 책을 좋아하며 읽는 아이가 많지 않다. 더구나 읽는 중학생, 고등학생으로 성장하기란 더 어려운 일이다. 왜 그럴까? 시간이 없어서다. 마음의 여유가 없기에 책을 손에 들 수가 없다. 아이가 책을 읽을 수 있는 편안한 시간이 필요하다. 따라서 사교육을 줄여야 한다. 그래야 질풍노도의 사춘기에도 책을 읽는다. 주변의 다양한 자극들로 유혹이 많아지고 점점 더 책에 집중하기가 어려워진다. 그러므로 유아기와 초등 저학년 시기에 책이 있는 환경에서 꾸준히 읽어주는 것이 무엇보다 중요하다.

초등학교까지는 그래도 사교육의 효과가 있다고 한다. 엄마의 말을 대체로 잘 따라주는 시기이기 때문이다. 그렇지만 사춘기를 지나며 엄마의 생각대로 강행하기가 갈수록 어려워진다. 불안하고 조급해진 엄마는 학원을 더 의지하고, 아이들은 더더욱 공부가 싫어진다. 수동적으로 듣기만 하는 공부보다 손수 푸는 문제집 한 권이 중요하고, 문제집 한 권 보다 독서가 먼저여야 한다. 독서하는 아이는 자기주도학습을 할 수 있다. 독서가 집중력과 이해력을 높여주기 때문이다. 엉덩이 힘을 기르게 된다.

'다른 아이는 중학교 3학년까지 선행을 나갔다던데 우리 아이만 뒤처지는 건 아닐까?'

'다른 학원을 알아봐야 하나?'

엄마들은 선행학습으로 불안한 마음을 달래려 하고, 학원에서 수박 겉핥기로 미리 배우고 온 아이는 학교 공부가 시시하다고 생각한다. 결국 공부는 아이 몫이다. 스스로 하고자 하는 마음이 없으면 선행을 얼마만큼 앞서 한들 무슨 의미가 있을까? 아이가 원하지 않는 이른 사교육은 시작도 하기 전에 공부는 '하기 싫은 것', '지겨운 것'이 되고 만다. 이미 지쳐있다.

초등학교까지만이라도 학원보다는 책을 읽을 시간을 더 주면 어떨까? 독서를 통해 쌓은 배경지식은 교과 공부도 쉽게 해 준다. 요즘은 수학조차 스토리텔링이다. 이야기로 풀어낸 수학은 연산만 잘한다고 해결되지 않는다. 문제를 이해해야 답을 풀어낼 수 있다. 하물며 국어, 사회, 과학은 어떨까? 그동안 차곡차곡 쌓아온 문해력과 배경지식이 힘을 발휘한다. 두꺼운 책도 척척 읽어내는 아이가 교과서에 나오는 글을 읽고 이해하는 건 얼마나 쉽겠는가?

"엄마 나는 사회가 제일 쉽고 재미있는데 우리 반 아이들은 어렵대."

아이가 사회가 쉬웠던 이유는 유아기 시절부터 관심 분야의 책으로 재미있게 선행 독서를 했기 때문이다. 'Why?' 책의 역사, 과학 분야는 아이의 호기심을 재미있게 충족시켜 주면서 더 깊이 알아 갈 수 있는 징검다리 역할을 톡톡히 했다.

그동안 독서 환경을 만들어 주지 못했다면 갑자기 사교육을 다 끊고 독서만으로는 어려울 수 있다. 하지만 여유시간을 줄 수 있도록 사교육을 줄여 볼 수는 있다. 사이사이 재미있는 책을 읽게 해 준다. 연령에 맞춘 책이나 필독서가 아닌, 아이의 수준에 맞는 책으로 시작해야 한다. 만화책도 상관없다. 책에 거부감을 없애는 것이 먼저다. 글을 읽는 것에 부담을 느끼지 않도록 쉬운 책으로, 늘 아이 주변에 읽을만한 책을 둔다.

"시후야, 수학이 어렵니? 혼자 공부하기 어려우면 수학은 학원에 다녀볼까?"

"어렵긴 한데, 조금 더 해보고 얘기할게요."

중학교 1학년 아이는 여전히 혼자 공부하고 있다. 하지만 아이가 원하면 언제든지 학원을 알아봐 줄 생각이다. 사교육을 절대 안 하겠다는 것이 아니라, 사교육에만 의존하지 않겠다는 말이다. 독서를 중심에 두고, 혼자 공부를 하며, 부족한 부분은 학원의 도움을 받는 것도 좋다고 생각한다. 낮에 실컷 논 아이는 저녁이 되면 어김없이 책을 집어 들었다. 책이 휴식이 되었다. 책 읽는 시간을 확보해 주기 위해 사교육을 하지 않았다. 책 읽는 아이라는 믿는 구석이 있기에 불안하지 않았다.

독서를 통해 쌓은 배경지식은 교과 공부도 쉽게 해 준다. 요즘은 수학조차 스토리텔링이다.

이야기로 풀어낸 수학은 연산만 잘한다고 해결되지 않는다. 문제를 이해해야 답을 풀어낼 수 있다. 하물며 국어, 사회, 과학은 어떨까? 그동안 차곡차곡 쌓아온 문해력과 배경지식이 힘을 발휘한다. 두꺼운 책도 척척 읽어내는 아이가 교과서에 나오는 글을 읽고 이해하는 건 얼마나 쉽겠는가?

4.
공부 습관을 잡아주는 '매일 최소 공부 습관'

우리는 자신이 반복한 일로 이루어진다.
그렇기에 탁월함은 행동이 아니라 습관이다.

_ 아리스토텔레스

마음껏 놀고, 책을 읽으며 한 가지 더한 건 '매일 최소 공부'였다.

초등학교 2학년 막내는 수학 한 쪽, 온라인 영어 e-book 20분을 하고, 5학년 둘째는 수학 두 쪽, 영어 온라인 e-book 30분, 태블릿 인강을 한다. 중학교 1학년 큰 아이는 인강을

30분 보고, 수학 다섯 쪽, 영어 문법 세 쪽, 영어 e-book 30분을 본다. 그리고 자기 전에 영어책 1권 집중 듣기나, 따라 읽기(섀도잉)를 한 번 한다.

영어 영상은 자율이다. 짧은 시간이라도 매일 보는 편이지만, 주로 주말에 많이 본다. 이렇게 아이들 스스로 지켜서 할 수 있도록 루틴을 만들었다.

아이가 하기 싫어하는 날도 있었고, 엄마가 없는 날은 대충 하고 나가기도 했다. 그럴 땐 충분히 아이와 이야기를 나누고 절충했다. 나 혼자 결정하고 따르라고 강요하지 않았다. 아이의 의견을 묻고 반영해 주려고 노력했다.

어느 날 중학생 큰 아이가 말한다.

"공부는 왜 해야 하는 거예요?"

"지금 배우는 수학이 어른이 되어서 필요하긴 한가요?"

"공부하면 나중에 하고 싶은 일을 선택할 수 있는 범위가 넓어지고...."

뭔가 부족하다. 그럴싸한 말로 설득하고 싶은데 진부한 말만 길어진다. 대신 아이의 물음에 딱 맞는 책을 찾았다.

『이토록 공부가 재미있어지는 순간』이다. 그 흔한 학원 하나 없는 시골 마을에서 서울대 법대, 연세대 경영대, 동신대한의대를 동시 합격한 저자가 쓴 책이다. 족집게 같은 공부법을 전하는 것이 아닌 공부의 본질을 전하는 책이다. '어떻게'보다는 '왜'에 초점을 맞춰, 공부를 대하는 마음가짐에 대해 진심 어린 조언을 해준다. 아무리 좋은 공부법을 알아도, 국내에서 가장 유명한 강사의 수업을 들어도 '공부하고자 하는 단단한 마음'과 '공부의 재미'를 느끼지 못한다면 결코 성적을 올릴 수 없다고 단언한다. 저자의 경험은 어른이 읽어도 좋을 만큼 동기부여가 되고 용기를 준다. 처음에는 시큰둥하게 읽기 시작한 아이는 앉은자리에서 미동도 없이 다 읽었다. (읽다가 중간에 덮을까 봐 걱정했는데, 흥미가 있었나 보다)

"조금은 알 것 같아요. 공부하고 싶은 마음이 생겨요."

공부를 강요하지는 않지만, 기본은 해야 한다고 강조는 한다. 공부 동기가 있고, 왜 공부를 해야 하는지 아는 아이는 다르다.

매일 최소 공부 습관이 자기주도 학습을 만든다.

일단 시작하기로 했다면 정해진 시간에 매일 하는 것이 좋다. 하지만 시간 조율이 필요했다. 처음에는 낮에는 놀고 저녁에 공부를 하기로 했다. 하지만 저녁에는 식사도 해야 하고, 나도 바쁜 시간이라 괜히 분주하기만 했다. 느긋하게 책을 읽을 여유가 없었다. 그래서 이번엔 공부 먼저 하고 나중에 놀기로 했더니, 자꾸 서두르는 게 문제다. 빨리 나가서 놀고 싶은 마음이 앞서나 보다.

시간이 지나도 잘 고쳐지지 않았다. 그래서 다시 고민하고 아이들에게 제안했다. 우여곡절 끝에 정착한 루틴은 엄마처럼 '아침 공부'를 하는 것이다. 이제는 한 시간 일찍 6시 30분에 일어난다. 아침에 해야 할 공부를 미리 해 놓으니까, 학교에 다녀와서 시간이 여유로워졌다. 마음껏 놀고, 영화도 보고, 책도 읽으며 오후 시간을 보낸다. 대신 자는 시간은 10시 안에 잘 수 있게 노력한다. 이처럼 계속 수정하고 변경하며 우리만의 약속을 만들었다.

처음부터 욕심을 부리면 시작도 어렵고, 지속하기도 어렵다. 한두 가지 정도만 정해서 조금씩 꾸준히 해나간다. 최소 공부 루틴으로 스스로 공부할 힘을 기를 수 있게 도와준다. 한 번에 뚝딱 잡히는 습관은 없다. 잘게 쪼개서, 작게 시작한다. 하루 20분, 30분의 짧은 시간은 어렵지 않게 습관으로 만들 수 있다. 적은 양의 공부라도 꾸준히 하다 보면 습관이 되고, 쌓이고 쌓이면 성취를 이룬다. 매일 조금씩 그날의 과제를 해내는 성취감이 스스로 공부하는 힘을 기른다. 그뿐만 아니라 중, 고등학교 시기에 본격적으로 공부해야 할 때 힘이 더 커진다.

큰 아이가 중학교 1학년이 되었다. 과목이 늘어나고 수업 시간도 길어졌다. 공부가 어려워지는 시점이다. 그런 점에서 6학년 겨울방학이 중요하다고들 한다. 독서하기에 더없이 좋고 중요한 시간이다. 책을 많이 읽을 수 있게 도와주는 것이 그 어떤 선행학습보다 충분히 가치 있다고 생각한다.

조금씩만 바꿔보는 거야.

중학교 1학년 시험은 아이의 긴 공부에 이제 시작일 뿐이다. 처음 치르는 시험에 어떻게 대비해야 할지 오락가락했다.

아이 스스로 공부 일정을 잡았지만, 계획대로 진행하지 못한 날도 있었다. 그래서인지 수학 점수가 생각보다 낮았다. 첫 시험이니 경험을 해 본 거라고 생각 하자며 다독였다. 너무 실망하지 말자고.

“저 실망 안 했는데요? 다음에 더 잘 보면 되는데요, 뭘.”

“엄마, 우리 학교가 유독 시험이 어려운 거예요. 다른 학교 문제였다면 제 점수가 달랐을걸요.”

나 혼자 착각했나 보다. 다행.... 이다.

첫 시험에 낙심하지는 않았을까 걱정했다. 하지만 아이는 다음에 더 잘보면 된다고 말한다. 노력하면 더 나아질 수 있다고 생각하니 그거면 됐다. 언제나 초긍정 아이다. 내가 괜한 걱정을 했다.

“이제 겨우 시작한 거야. 기회는 얼마든지 많아.”

“너는 잠재력이 있는 아이야. 천천히 한 계단씩 올라가면 돼.”

공부의 기본은 독서다. 그렇지만 독서하는 아이라고 공부하지 않아도 되는 건 아니다. 그동안 쌓아온 독서의 내공은 노력과 맞닿았을 때 힘을 발휘한다. 아이도 이번 기회로 깨달았기를 바란다. 조금만 더 공부량을 늘리고, 방법을 바꿔본다. 매일 최소 습관이 공부 기초를 탄탄하게 잡아주고, 기본이 모여 역량이 된다. 시간을 차곡차곡 쌓아간다.

일단, 아주 작은 목표를 만들고, 딱 그만큼만 잘 해내려 노력한다. 매일 조금씩 그날의 과제를 해내는 성취감이 스스로 공부하는 힘을 기른다.
그뿐만 아니라 중, 고등학교에 진학해 본격적으로 공부해야 할 때 힘이 더 커진다.

5.
쉽고 간편한 포스트잇 글쓰기

나는 가장 단순한 것들로부터 시작해서
글 쓰는 법을 배우고자 했다.

_『오후의 죽음』, 헤밍웨이

대충 쓰고 아무 곳이나 붙이면 그만이다. 간편하다. 다양한 크기의 '포스트잇'은 통 글자를 써서 붙여 놓기에 맞춤이었다. '펜' 하나와 '포스트잇'만 있으면 된다. 휘리릭 써서 여기저기 붙여놓기에 좋다. 큰 아이 때는 도화지로 한글 카드를 만들어 코팅까지 했었다. 손은 많이 갔지만 오래 가지고 놀 수 있었다. 반면 둘째와 막내 아이는 시작할 엄두가 나지 않았다. 그래서 고안한 것이 '포스트잇' 한글이다. 쉽게 쓰고 바로 붙일 수 있어서 실행력을 높일 수 있었다. 쓰고 붙이면 끝이다. 다만 시간이 지나면 접착력이 떨어진다는 것. 그럴 땐, 단어를 한 번 더 확인시켜 주는 기회로 삼았다.

"아이코, '기린'이 바닥에 떨어졌네. 서아가 다시 붙여주자."

"바닥에 무슨 글자가 떨어진 거지? 엄마한테 알려줄래?"

"사과"

"아, '사과'였구나. 다시 써서 붙여 놓을까?"

보통 일주일 정도 붙여두면 금방 익혔다. 그렇게 깨우친 글자는 따로 상자에 보관해 놓고 한 번씩 놀이할 때 복습하듯 활용했다.

'포스트잇' 글쓰기 한 줄 필사

같은 한 줄 쓰기라도 노트에 쓰면 공부 같지만 '포스트잇'에 쓰면 재미있게 접근할 수 있다. 둘째 아이는 일곱 살이 되어서야 한글을 뗐다. 하지만 서두르지 않고 기다려주니, 떠듬떠듬 읽기 시작한 지 며칠 만에 갑자기 술술 읽었다. 다만 체계적으로 익히지 않아서였던지 글쓰기에 약했다. 그래서 매

일 책 한 줄을 '포스트잇'에 쓰기로 했다. '포스트잇' 글쓰기의 최대 장점은 간편하게 실행할 수 있다는 점이다. 작은 종이는 휴대가 쉬워 언제 어디서나 쓰고 붙여 놓기에 용이하다. 게다가 한 줄이다. 매일 아침 책을 펼친다. 쓰고 싶은 한 줄을 찾아 포스트잇에 필사하고 냉장고에 붙인다. 저녁에는 안 보이게 접어놓고 다시 써 본다. 글쓰기는 부담스러워도 포스트잇 한 줄, 한 장을 채우기는 어렵지 않았다. 책 속 양질의 문장을 꾹꾹 눌러 필사하며 글씨체를 바로잡고, 글쓰기 실력도 향상된다. 적은 노력으로 큰 성취감을 느낀다.

또한 책을 읽다가 아이들에게 전해주고 싶은 명언이나 좋은 글귀를 책상 앞에 붙여줬다. 말로 하면 잔소리처럼 들릴 수 있지만, 글로 적어 붙여주면 위로가 되고, 힘이 되는 기분 좋은 이벤트가 된다.

감정표현을 도와주는 '포스트잇' 편지

딸아이는 내 감정을 귀신같이 알아챘다. 내가 속상해할 때면 편지를 써서 책 위에 슬며시 붙여둔다.

"엄마 슬퍼하지 마세요. 엄마는 충분히 노력했어요. 힘내세요. 사랑해요!"

충분히 노력했다니…. 무방비 상태로 울컥 눈물샘이 터져버렸다. 아이의 진심 어린 글에 위로를 받았다. "충분히 노력했다는 표현에 엄마가 깜짝 놀랐어.

엄마 마음을 알아줘서 고마워 서아야.

마음이 뭉클해서, 눈물이 나더라. 사랑해 딸."

하교하고 방문 앞에 붙여둔 편지를 본 아이는 진짜 울었냐며 몇 번을 물어본다. 편지를 읽고 엄마가 위로를 받았다고 하니 꽤 뿌듯한 모양이다.

불편한 마음, 고맙고 행복한 마음 또한 마찬가지로, '포스트잇'에 써서 주고받았다. 편지로 감정을 표현하니 '왜 마음이 상했는지', '뭐가 불만이었는지' 말로 하는 것보다 더 부드럽게 넘어갈 수 있었다. 기분 좋은 말로 기쁨이 더 커졌다. 오늘도 깜짝 편지를 붙여 놓는다. '포스트잇' 편지로 감정 소통을 하니, 토라지는 횟수가 줄고, 속상한 마음이 한결 누그러졌다.

매일 책 속 한 줄을 '포스트잇'에 적어 보기로 했다.

'포스트잇' 글쓰기의 최대 장점은 간편하게 실행할 수 있다는 점이다.

작은 종이는 휴대가 쉬워 언제, 어디서나 쓰고 붙여 놓기에 용이하다.

게다가 한 줄이다.

6.
거실에서 놀고, 먹고, 독서하고, 공부한다

환경은 사람을 만드는 것이 아니라,
사람을 드러내는 것이다.

_ 에픽테토스

소파를 과감히 버렸다. 큰 아이를 낳기 전 이사를 하면서였다. 거실을 작은 도서관으로 구상하며 리모델링했다. 소파에서 쉬는 걸 좋아하는 남편을 설득하느라 힘들었지만, 넓어진 공간에서 자유롭게 놀며 책 읽기에 더 좋았다. 영어 영상을 보기 위해 TV는 그냥 두었다. 소파가 있던 한쪽 벽면에 맞춰 책장을 짰고, 주방 벽면과 아일랜드 식탁 앞쪽 공간에도, 작은방에도 책장을 짜 넣었다. 언제 어느 곳에서든 책을 볼 수 있는 환경을 만들고 싶었다. 거실 환경은 한 번 더 이사를 하면서 또 바뀌었다. 이번에는 남편의 의견을 반영해 소파를 다시 놓고, 전면에 TV를 가리는 책장을 짰다. 또한 작은 방 두 곳과 식탁 옆에 책장을 두었다. 이처럼 이사를 할 때 책을 둘 곳을 마련하는 것이 첫 번째였다.

큰 아이가 초등학교에 입학하면서 작은 방 한편에 책상을 놓았다. 1학년이 되었으니 당연히 집중할 수 있는 방을 마련해 주고, 책상을 사줘야 한다고 생각했다. 하지만 내 생각과는 달리 아이는 책상에 앉아서 공부하기보다는 대부분의 시간을 거실에서 보냈다. 가족과 함께하는 것을 더 좋아했다. 거실에서 놀고, 먹고, 독서하고, 공부한다. 혼자 방에서 조용히 집중할 수 있다면야 좋겠지만 오히려 안 보이는 공간에서

딴짓하기 쉽다. 게다가 사춘기가 되면서는 공부한다고 방문을 닫고 나오지 않는다. 집중해서 공부하고 있는지 알 수가 없다. 거실에서 공부하면 아이가 도움이 필요할 때 바로 도와줄 수 있어서 좋았다. 해야 할 공부를 집중해서 빨리 끝내 버린다. 공부방이 꼭 필요한 건 아니었다. 발상의 전환을 했다. 어차피 각자 공부방을 만들어 줄 공간도 부족하다. 대신 식탁에 나란히 앉아서 공부하고 책을 읽는다. 나도 옆에 앉아 함께 읽고 쓴다. 간식을 옆에 두고, 음료를 마시며 스터디카페처럼.

학습 습관을 잡아주고, 가족의 유대감을 키우는 거실 공부

2023년 1월, SBS에서 방영된 스페셜 체인지 '공부방 없애기 프로젝트'가 흥미롭다.

도쿄대생들에게 물었다. "당신은 초등학교 때 어디에서 공부했습니까?" 74%가 우리는 거실에서 공부했다고 답했다. 거실이 따뜻하고 외롭지 않아서 좋았다며, 대부분 거실에서 공부했다고 말한다. 또한 자녀 4명을 도쿄대 의학부에 모두 합격시킨 '샤토 료코'씨가 출연했다. 그녀는 그 비결의 8할이 거실 공부라고 말한다. "부모의 눈에 닿는 곳에서 공부를 시키는 것이 가장 좋은 방법이죠. 저희는 아이가 넷이지만 공부방을 전혀 만들지 않았어요. 방으로 들어가면 부모의 눈이 닿지 않게 되기 때문에 제대로 공부하고 있는지 모르게 됩니다."

『아이의 공부방을 없애라』의 저자 '모로쿠즈마사야' 또한 아이를 개인공간에 혼자 두고 공부하라고 다그치지 말라고 조언한다.

> "자기 의사가 싹트기 이전 초등학교 저학년 시기에 개인공간에서 홀로 공부를 시키는 것은 역효과가 날 가능성이 높다. 이 연령대의 아이들에게는 공부하는 환경을 거실에 만들어주자. 그러면 가족과 함께 안심하고 학습에 임할 수 있어 집중력이 높아질 것이다."

거실 공부는 아이의 학습 습관을 잡아주고, 가족의 유대감을 키운다. 근처에서 언제든 도와주며 소통할 수 있어서 아이도 안정감을 느끼고 나도 편하다. 다 같이 하는 활동으로 일상 속 루틴이 된다. 매일 밥 먹고 양치하듯 공부도 당연히 해야 하는 일로 여긴다. 대신 평상시 놀거나 쉴 때는 개입하지 않는다. 하고 싶은 대로 할 수 있게 최대한 간섭하지 않는다. 자유롭게 놀고, 쉴 수 있어야 집중하는 힘도 생긴다.

사춘기가 시작되면 말수가 줄고, 방문을 닫고 나오지 않는다며 불통의 고민을 한다. 우리 집 중학생은 오히려 말이 더 많아진 느낌이다. 항상 거실에서 함께하고, 천진난만하게 웃으며 대화의 물꼬를 튼다.

저녁 8시 30분이 되면 식탁은 가족 책상이 된다. 낮에 못한 수학 문제집을 풀고, 인터넷 강의를 듣고, 책을 읽기도 한다. 일부러 도서관 모드의 조용한 환경을 만들지는 않는다. 생활 소음 속에서 공부한다. 놀고, 먹고, 독서하고, 공부하고 쉼이 되는 곳. 매일 거실에 모인다. 소통의 장소가 된다.

> 공부방이 꼭 필요한 건 아니었다. 발상의 전환을 했다.
>
> 어차피 각자 공부방을 만들어 줄 공간도 부족하다.
>
> 대신 식탁에 나란히 앉아서 공부하고 책을 읽는다. 나도 옆에 앉아 함께 읽고 쓴다.
>
> 간식을 옆에 두고, 음료를 마시며 스터디카페처럼.

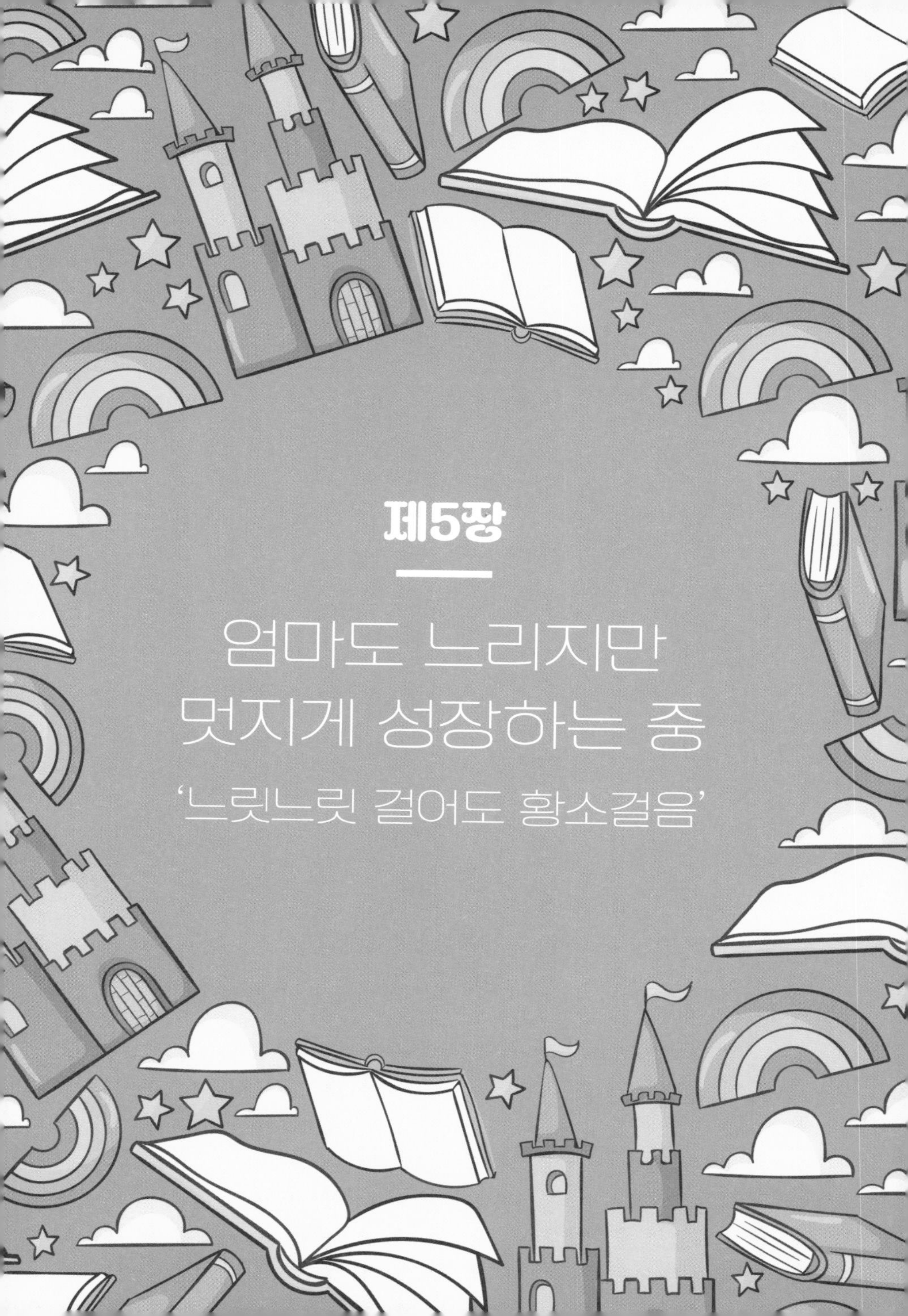

제5장

엄마도 느리지만 멋지게 성장하는 중

'느릿느릿 걸어도 황소걸음'

1.
나는 우물 안 개구리였다

모든 인간은 자신의 이해 정도와
인식의 한계 내에서만
세상을 바라볼 뿐이다.

_ 쇼펜하우어

"나를 부를 땐, 이름을 불러줬으면 좋겠어."

"어머님, '작은 며느리' 말고, '민경이'라고 저장해 주세요."

누구의 엄마로 불리고 싶지 않았다. "민경아!"라는 말이 다정하고 듣기 좋았다.

내 이름은 점점 없어지고, 누구의 엄마가 되어갔다. 누구의 아내로, 누구의 딸, 며느리로 불렸다. 누구의 엄마라는 호칭이 싫은 건 아니다. 누구의 엄마, '이민경'이고 싶은 것뿐이다.

나를 성장시키는 독서 = 우물에서 빠져나오는 독서

견문이 좁아서 세상 형편을 모르는 사람, 내가 아는 세상이 다인 줄 착각을 하는 사람. 우물 안 개구리를 말한다. 제한적인 삶 안에서 나는 점점 바보가 되어가는 것만 같았다. 육아 말고 아무것도 할 줄 모르는 바보. 점점 자신감도 없어지고, 위축되었다.

하늘의 넓이나 바다의 깊이를, 우물만큼의 넓이와 깊이로만 이해한다는 개구리처럼, 내가 보는 세계가 전부인 것 같이 살았다. 우물 안에서 보이는 하늘은 내가 살고 있는 우물, 딱 그만큼이었다. 틀 안에서 사는 것이 편안하기는 했다. 싫지만 편안하다. 우물 안에서 탈출하고 싶지만 정작 그럴 용기가 없다. 나와는 달리 바다같이 넓고 깊은 곳에서 더 넓은 하늘을 보며 사는 사람들을 동경했다. 그들은 나와는 다른 사람들이었다.

"우물 속 개구리에게는 바다를 제대로 설명해 줄 수 없고,
한여름만 살다 가는 여름 곤충에게는 찬 얼음에 대하여
설명해 줄 수 없으며,
편협한 지식인에게는 도의 진정한 세계를 설명해 줄 수 없다."

_ '장자'의 〈추수편〉

독서에서 가장 중요한 단계이자 첫 난관이 나의 무지를 깨닫는 것이다. 이대로 생각 없이 살고 싶지 않아서, 성장하고 싶어서 더 치열하게 읽었다. 깨달음을 얻는 과정이 좋았다. 한 해, 두 해 시간이 지나며 나 스스로 생각의 변화가 느껴졌다. 그런 느낌이 좋았다. 경험의 범위가 한정된 전업 주부들이야말로 책을 읽어야 한다고 생각한다. 아는 만큼만 보인다. 모르면 보지 못한다. 우물 안 개구리가 넓은 세상을 볼 수 있는 방법은 우물 밖으로 나오거나, 우물이 가능한 한 넓어야 한다. 우물의 크기만큼 세상이 보인다.

우물을 빠져나와 드넓은 세상의 존재를 확인하고 나면 다시 우물 안으로 돌아갈 수 없다. 과거의 나로 돌아가지 않기 위해 더 열심히 읽을 수밖에 없다. 책을 읽고 독서 노트를 쓰고, 실천하며, 감사 일기도 쓰게 되었다. 명언이나 확언을 읽

고, 운동하며 나를 돌본다. 이제는 매일 새로운 것을 보고, 읽고, 생각하며 어제와 다른 나로 산다. 오늘 한 계단, 내일도 한 계단씩, 천천히 오르다 보면 언젠가는 더 큰 세상을 마주하지 않을까? 앞으로 5년 뒤, 10년 뒤 나의 모습을 기대한다.

> 하늘의 넓이나 바다의 깊이를
>
> 우물만큼의 넓이와 깊이로만 이해한다는 개구리처럼,
>
> 내가 보는 세계가 전부인 것 같이 살았다.
>
> 우물 안에서 보이는 하늘은 내가 살고 있는 우물, 딱 그만큼이었다.

2.
매일 책 읽는 엄마가 되었다

한 권의 책을 읽음으로써 자신의 삶에서
새 시대를 본 사람이 너무나 많다.

_ 헨리 데이비드 소로

아이를 키우기 전에는 책 한 권 읽은 적이 없었다. 읽을 필요도, 읽을 마음도 없었다. 육아서는 낯선 환경에 허우적거리고 있던 생 초보 엄마에게, 하늘에서 내려 준 동아줄 같은 느낌이었다. 나만 힘든 것이 아니라는 것만으로도 위로가 되었다. 아이를 먼저 키운 선배 엄마나 전문가의 지식과 경험을 배우는 자세로 읽었고, 나와 아이에게 맞는 방식으로, 할 수 있는 것만 따라 했다. 아이가 하나에서 둘이 되면 두 배가 아니라 열 배 더 힘들다고 했던가. 그럼 셋은 몇 배인 걸까? 밥을 먹으면서도 제각각 요구가 많은 아이들. 입으로 밥이 들어가는 게 맞나 싶을 만큼 힘들 때도 있었다. 지금은 아이들이 어느 정도 커서 좀 나아지기는 했지만, 정신 줄을 꽉 붙잡지 않으면 어영부영 하루가 순식간에 지나가 버리고 만다.

간단히 아침을 챙겨 먹고 집을 나선다. 전업주부 엄마가 출근한다. '도서관으로.' 언젠가 찾아올 기회를 잡기 위해 책을 읽는다. 책을 꾸준히 읽으면 생각의 크기가 커지고 기회를 알아보는 눈을 갖게 된다. 그리고 행동할 용기가 생긴다. 책은 언제 어느 때나 마음만 먹으면 펼쳐서 읽을 수 있다. 각 분야 전문가가 심혈을 기울여 쓴 책을 마음껏 골라서 읽으면 된다. 독서야말로 돈 안 드는 최고의 자기 계발이 아닌가? 가성비 최고다. 우선순위 첫 번째를 책 읽는 시간으로 두었더니 매일 책을 읽게 되었다. 아이들에게 책 읽어주는 것에 진심이었다. 그리하여 종래에는 나도 읽는 사람이 되었다. 한 권 두 권 읽어왔던 육아서는 나를 위한 독서로 확장되었고, 나도 아이도 함께 성장하는 계기가 되었다. 마음도 생각도 서서히.

아이 눈에 비친 나는 읽는 엄마

나를 위한 독서를 한 지 올해 6년째가 되었다. 오랜만에 만난 친구가 말한다.

"내가 알던 '이민경'이 아닌 것 같아. 뭔가 달라진 것 같은데, 뭐지?"

남편도 나를 인정해 주고 존중해 준다. 생각과 말에 힘이 생겼다.

그래서 책이 참 좋다. 명품 백보다 책이 더 좋다. 나에게는 책이 명품이다. 소유보다는 경험에 더 소비한다. 이를테면 책을 사거나 신문, 시사잡지, 전자책 서비스를 구독한다. 유료 강연을 보고, 여행을 가거나 영화를 본다. 내가 지금까지 꾸준히 읽을 수 있었던 이유는 무엇이었을까? 변화하고 싶은 절실함이었다. 책을 읽으면 세상을 보는 관점이 바뀐다. 다른 세상을 보게 된다. 타인과의 비교 대신 어제의 나와 비교한다. 내가 꾸준히 책을 읽지 않았다면 아이들 독서를 지금까지 이어 올 수 있었을까? 아마도 펄럭이는 팔랑귀를 주체할 수 없었을 게다. 중간중간 올라오는 불안감에 확신을 갖지 못했을 테고. 그래서 책을 꼭 붙잡고 읽었다.

처음 읽었던 책은 『독서 천재가 된 홍대리』였다. 읽고 싶은, 강력한 동기를 주는 책이다.

'아, 나도 책을 꾸준히 읽어봐야겠다.'

'책의 힘을 믿고 아이들에게 꾸준히 읽어줘 왔듯 나의 성장을 위해서도 계속 읽어야지.'

마치 신세계를 만난 것처럼 설렜다. 독서하다 보면 저절로 다음 책이 눈에 띈다. 그럴 때마다 메모했다. 나의 관심사와 흥미에 따라 골랐다. 아이들이 책에 친숙해지는 과정과 같다. 책 속의 추천 책을 참고하는 것도 방법이다. 그렇게 꼬리에 꼬리를 무는 독서를 하다 보면 조금씩 더 넓은 분야로 확장된다. 책 제목을 기록해 둔 메모가 점점 쌓여가면 든든하고 기분이 좋았다. 읽고 싶은 책이 많아서 행복했다. 전에는 몰랐던 행복이다. 더 많이 읽고 싶은 욕심에 열 권을 한꺼번에 대출하고, 반도 못 읽고 반납하기도 했지만.

"새벽에 일어나셔서 책을 읽으신다고 하던데, 책을 아주 좋아하시나 봐요?"

"서아가 그러더라고요. 우리 엄마는 책을 많이 읽는다고."

막내딸, 친구 엄마를 만났을 때 들은 이야기다. 그때 알았다. 아무 말 없을 뿐 내가 아이를 살피듯 아이도 엄마를 관찰

하고 있었음을. 아이 눈에 비친 나는 읽는 엄마다. 그 수식어가 꽤 멋지고 마음에 든다. 제자리인 듯 크게 표나지는 않지만, 멈추지 않고 계속 읽는다. 다시 예전의 나로 돌아갈까 봐 더 열심히 읽었다. 어디를 가든 가방에 책 한 권을 꼭 챙긴다.

서양 속담에 독서는 앉아서 하는 여행이고, 여행은 서서 하는 독서라고 한다. 나는 일상에서 벗어나 낯선 곳을 여행하듯 매일 독서를 한다. 독서를 통해 낯선 경험을 하고 사유를 한다. 매일 여행을 하기는 어렵지만 독서를 통해 떠나는 여행은 매일 할 수 있지 않은가. 일상을 여행처럼 산다.

간단히 아침을 챙겨 먹고 집을 나선다.

전업주부 엄마가 출근한다. '도서관으로.' 언젠가 찾아올 기회를 잡기 위해 책을 읽는다.

책을 꾸준히 읽으면 생각의 크기가 커지고 기회를 알아보는 눈을 갖게 된다.

〈독서를 시작할 때 읽으면 좋은 책〉

1. 인생의 차이를 만드는 독서법, 본깨적 (위즈덤하우스 / 박상배)
2. 모든 것은 기본에서 시작한다 (수오서재 / 손웅정)
3. 변화의 시작 하루 1% (끌리는책 / 이민규)
4. 독서 천재가 된 홍대리 (다산 라이프 / 이지성)
5. 시골의사 박경철의 자기혁명 (리더스북 / 박경철)
6. 읽어야 산다 (생각정원 / 정회일)
7. 미라클모닝 (한빛비즈 / 할 엘로드)
8. 데일 카네기 인간관계론 (현대지성 / 데일 카네기)
9. 나는 도서관에서 기적을 만났다 (싱긋 / 김병완)
10. 데일 카네기 자기관리론 (현대지성 / 데일 카네기)

3.

고요한 새벽, 나만의 시간에 진심입니다

성공을 원한다면
열심히 일하고, 인생을 즐기고,
무엇보다 고요히 침묵하는 시간을 가져야 한다.

_ 알베르트 아인슈타인

나는 올빼미형 잠순이였다. 한 번에 일어난 적이 없다. 알람을 끄고, 다시 맞추며, 몇 번을 미루고서야 겨우 일어났다. 아이들이 잠든 밤, 맥주 한잔하면서 드라마를 보는 시간이 좋았다. 유일한 나의 시간을 누리기 위해 최대한 늦게까지 버티

다가 잤다. 일찍 자는 것이 아까웠다. 이따금 아이를 재우다가 깜빡 잠이 들었는데, 일어나 보니 새벽 1시가 훌쩍 넘어 있었다. 무척 속이 상했다. 시간을 통째로 날려버린 기분이었다.

하지만 지금은 아이들과 같은 시간에 함께 잔다. 6시간은 꼭 자야 한다는 생각에 10시 30분 안에는 침대에 눕고, 새벽 4시 30분에 일어난다. 따뜻한 물 한 잔을 마시면서 감사 일기를 쓰고, 명언이나 확언을 읽으며, 긍정의 기운을 얻는다. 독서하고, 필사를 한다. 새벽을 의미 있게 시작하니 남은 하루도 허투루 보내지 않으려 노력한다. 천지가 개벽할 일이다. 이게 어찌 된 일일까?

'미라클 모닝' 그야말로 아침의 기적이다. 남편이 가장 놀라워했다. 새벽 출근하는 남편을 배웅한다. 얼마나 갈까 싶었다지만 벌써 6년째가 되었다.

일찍 일어나는 사람만이 누리는 특권

변화의 시작은 '독서'였다. 책을 읽다 보니 성공한 사람들의 공통점이 보였다. 하루를 일찍 시작한다는 점이다. 책을 읽으면 행동하게 된다. 따라 하고 싶은 마음이 든다.

처음 며칠은 피곤해서 정신을 못 차렸다. 억지로 일찍 누워서 자느라 잠이 안 왔다. 눈만 감고 밤을 꼬박 새워 두통도 생겼다. 하지만 내 몸이 변화에 적응하는 중이리라. 그래도 매일 나와의 약속을 지키려 노력했다. 피곤하긴 했지만, 기분은 좋았다. 그렇게 일주일 정도 지나자 9시만 넘어도 졸렸다. 저절로 자는 시간이 앞당겨졌다. 일찍 일어나기 위해서는 일찍 잠들어야 한다. 잘 자기 위해 수면안대를 하고 잔다. 자기 전에 핸드폰 대신 책을 읽는다. 덕분에 쉽게 잠들고 숙면한다.

간혹 저녁 늦게 친구들과의 약속이 있는 날이나, 애들 재우고 남편과 맥주 한 잔 한날, 여행 가서 늦게 잔 날, 컨디션이 안 좋은 날에는 새벽에 일어나지 않는다. 수면시간을 줄이면서 일찍 일어나는 건 지속하기 힘들고, 건강에도 좋지 않다. 평소에는 새벽에 일어나 나만의 시간을 갖고, 예외적인 날에는 조금 더 잔다. 하루 이틀 못 일어났다고 포기해 버리지 않는다. 잠시 멈춘 것뿐, 다시 또 해 나가면 된다. 작심삼일을 이어가다 보면 어느새 습관으로 자리 잡히지 않을까. 유연함이 필요하다. 시작하기가 어렵다면 30분만 더 일찍 일어나 본다. 처음부터 무리하는 것보다 차근차근 적응하는 것도 방법이다.

일찍 일어나기로 했다면, 나만의 시간을 어떻게 보낼 것인가? 의미 있는 활동으로 귀한 시간을 만든다. 성장을 위한 루틴을 만들어 실천해도 좋고, 평소 시간이 없어서 하지 못했던 공부를 시작해도 좋다. 내가 더 나아지는 시간으로 만든다. 내 몸이 적응하고, 습관으로 자리 잡히면 알람 없이도 눈이 떠지는 경험을 하게 된다.

감사 일기를 쓰며 긍정적인 생각으로 하루를 시작한다. 아침에 덜 서두르게 되고, 여유가 생겨서 좋았다. 고요한 시간에 몰입 독서를 하다 보니 벌써 7시. 남들 자는 시간에 벌써 2시간이나 독서를 한 셈이다. 성취감이 생기고 자존감이 올라간다. 낮에는 변수가 생기기 쉽다. 약속이 생기기도 하고, 아이가 아파서 결석을 하기도 했다. 하지만 새벽에는 내가 일어나기만 하면 된다. 온전히 나를 위한 고요한 시간이다. 일찍 일어나는 사람만이 누리는 특권이다.

하루를 의미 있게 시작하니

남은 하루도 허투루 보내지 않으려 노력한다.

천지가 개벽할 일이다.

이게 어찌 된 일일까?

'미라클 모닝' 그야말로 아침의 기적이다.

4.
'감사 일기'를 쓰며 긍정을 연습한다

감사하는 사람은
영원한 풍요로움을 누린다.

_ 윌리엄 아서 워드

노트 한 페이지 가득 감사할 이야기가 넘쳐난다. 그러나 처음에는 무엇을 써야 할지 잘 떠오르지 않았다. 그래서 우선 '오늘 감사했던 일 세 가지만 써보기'부터 시작했다.

'하루를 일찍 시작할 수 있음에 감사합니다.'

'공복에 마시는 따뜻한 물 한 잔이 감사합니다.'

'매일 새벽에 일어나 출근하는 성실한 남편이 감사합니다.'

감사 일기를 쓰게 되면서 평범하고 당연한 일상을 '감사의 렌즈'를 통해 보게 되었다. 매일 아침 '오늘'이라는 선물을 받는다. 더불어 나를 사랑하게 되었다. 나를 사랑하는 것은 간단하지만 쉽게 행복해지는 길이다.

어려움 속에서도 감사를 생각하게 된다.

좋은 일에는 얼마든지 쉽게 감사할 수 있다. 하지만 아픔과 시련 앞에서도 감사를 떠 올리기는 쉽지 않다. 감사 일기를 꾸준히 쓰면 어려움을 대하는 태도가 달라지고, 다른 시각으로 바라볼 수 있게 된다. '그만하길 정말 다행이다.' '상황이 더 나쁘지 않아서 감사하다.' 등 부정적인 상황을 긍정적인 생각으로 전환하는 능력이 생긴다. 어려움 속에서도 감사를 찾는다. 그럼에도 불구하고 감사하게 된다.

"신기해. 일기를 쓰면서 감사하다고 생각하기 시작했더니, 감사할 일들이 더 눈에 띄고, 좋은 일들이 더 많이 생기는 것 같아."

감사 일기를 쓰는 습관은 감사하는 마음을 지속할 수 있게 도와준다. 긍정적인 생각은 긍정적인 경험으로 이어지고,

평소 해보지 못했던 시도를 할 용기가 생긴다. 주변 사람들에게도 관대해지고, 스트레스 상황에 더 유연해진다.

감사하는 마음이 '뇌'도 '삶'도 바꾼다.

SBS 8시 뉴스 건강 라이프에 보도되었던 내용을 소개해 본다.

"매사에 감사하는 마음으로 살면 행복해진다고들 말합니다. 이 사실이 단순한 기분이 아닌 실제 뇌 과학적 효과가 있다는 사실이 의학적으로 증명되었다고 합니다. 국내 대학 연구팀이 두 가지 상반된 감정을 느꼈을 때 심박수와 뇌의 변화를 측정해 봤더니, 감사할 때 심박수는 차츰 감소하는 반면, 원망하면 스트레스를 받을 때처럼 증가했습니다. 심박수가 달라지는 건 상황에 따라 우리의 뇌도 계속 변하기 때문입니다. 측좌핵 등 뇌 여러 부위에 걸쳐있는 보상회로는 즐거움을 관장하는데, 감사하는 마음을 가지면 보상회로가 뇌의 많은 부위에 연결되어 즐거움을 더 잘 느낄 수 있게 된다는 것이 기능 MRI 영상으로 확인되었습니다."

"누군가를 탓하고 원망하기보다 늘 감사하는 마음을 가지려고 애쓰면 우리의 뇌가 변하고 삶도 달라진다는 말입니다."

하루를 시작하며 감사 일기를 쓴다. 뇌는 감사와 긍정을 인식하고, 현실로 받아들인다. 그리고 그런 상황을 더 끌어들이게 된다. 모든 것은 내 마음에서 비롯된다.

감사 일기를 꾸준히 쓰면 어려움을 대하는 태도가 달라지고,
다른 시각으로 바라볼 수 있게 된다.
'그만하길 정말 다행이다.', '상황이 더 나쁘지 않아서 감사하다.' 등
부정적인 상황을 긍정적인 생각으로 전환하는 능력이 생긴다.
어려움 속에서도 감사를 찾는다.

5.
읽고, 쓰고, 생각하고, 실천하는 '독서 노트'

배우기만 하고 생각하지 않으면
막연하여 얻는 것이 없고,
생각만 하고 배우지 않으면
위태롭다.

_ 『논어』, 공자

무릇 어느 곳을 펼쳐도 주옥같은 문장들이다. 와닿는 문장을 기록한 독서 노트는 나만을 위한 책 한 권이나 다름없다. 책을 읽으면 위로를 받고, 마음이 편안해졌다. 의미 있는 행동을 꾸준히 함으로써 성장한다는 느낌이 좋았다. 하지만 감동과 깨달음은 그 순간뿐, 읽고 덮으면 끝이다. 하루만 지나도 기억이 잘 나지 않았다. 미션을 완수하듯 읽어내는 독서가 아닌, 일상에 스며드는 독서를 하고 싶었다. 그래서 감동 있는 글귀나 공감이 되는 문장, 기억하고 싶은 한 줄을 기록한다. 그냥 읽기만 할 때보다 읽는 속도는 더디지만 곱씹으며 읽으니 더 깊이 읽을 수 있었다.

도서관에서 빌린 책은 마음대로 줄을 칠 수도, 책에 메모할 수도 없다. 대신 노트에 따로 기록을 하니 반납할 때 아쉬움이 덜 했다. 읽으면서 바로 기록을 하기도 하고, 마음에 드는 문장에 인덱스를 붙이고, 한 번에 쓰기도 한다. 또한 떠오르는 생각을 수시로 메모한다. 메모하지 않으면 돌아서면 잊어버리고 만다. 나는 노트, 수첩, 포스트잇, 핸드폰 노트 앱

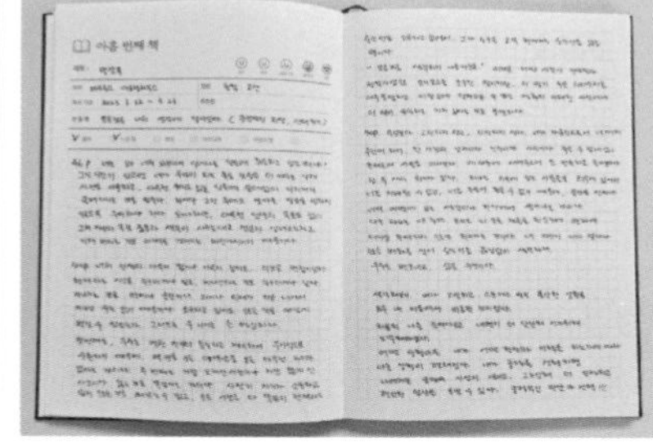

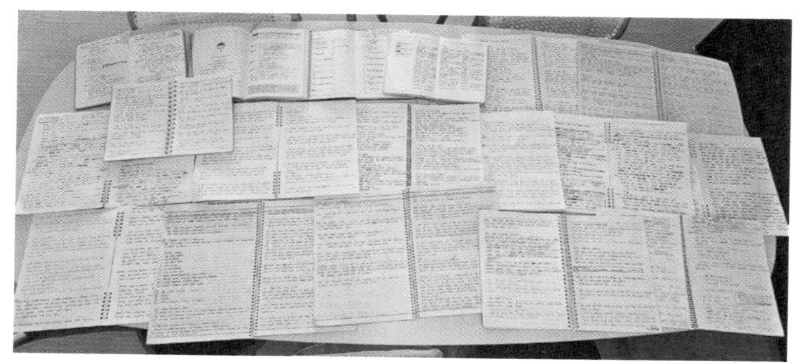

에 메모한다. 여의찮을 경우는 카톡 나와의 채팅에 적는다. 메모하지 않은 생각은 순식간에 없어진다. 아무리 생각해도 다시 떠오르지 않아 답답했다. 메모는 나의 글감 창고, 아이디어 창고다. 메모에 생각을 더해서 글을 쓴다.

책 한 권 읽고 한 가지 실천하기

마음의 울림을 주는 문장을 기록하고 그중, 한 가지를 실천했다. 기록하며 책의 내용을 한 번 더 각인시킨다. 꾸준히 실천한다면 더없이 좋겠지만, 설령 중간에 멈추더라도 괜찮다. 포기한 것이 아니라 멈춘 것이기에 다시 시작하면 된다. 계단 오르기, 매일 독서, 아침 공복 물 한 잔, 확언 쓰기, 새벽 기상, 감사 일기 쓰기, 독서 노트, 하루 한 곳 정리 등 지금까지 책을 읽고 실천하며 만든 습관이다. 이처럼 실천하면서 읽으면 삶이 더 나아지고 좋아질 수밖에 없다. 마인드가 달라지고 행동이 변화한다.

처음 독서 노트를 기록할 때는 형식 없이 편하게 작성했다. 지금은 간단히 형식을 만들어 쓴다.

- 날짜와 책의 제목, 저자, 출판사를 기재한다. 나중에 필요한 내용을 찾을 때 쉽게 찾을 수 있다.
- 와닿는 문장이나 핵심 문장을 필사한다. 페이지 번호도 함께 기재를 하면 인용을 할 때나 전체 페이지의 내용을 확인하고 싶을 때 편리하다.
- 필사를 한 후 나의 해석이나 생각을 적는다.
- 떠오르는 질문을 기록해 둔다. 바로 해답이 생각나지 않더라도 기록하면 나중에라도 떠오르게 된다.
- 내 삶에 적용할 한 가지를 기록하고 실천한다.

저자와 1대 1로 대화를 나누고 있다고 생각하며 읽었다. 저자의 노하우와 지혜를 단돈 2만 원 안으로 누릴 수 있다고 생각하니 저절로 감사한 마음이 들었다. 책이 아니었다면 저자의 값진 경험과 생각을 어찌 나눌 수 있었을까? 가령 나만을 위한 강의를 요청한다면, 과연 얼마를 내야 들을 수 있을까? 내향적인 내 성격에도 책이 딱 맞았다. 더 일찍 읽지 못한 것이 아쉬울 뿐이다.

'아.... 내가 조금 더 일찍 책을 읽었더라면,

더 나은 선택을 하고, 더 나은 삶을 살았을 텐데....

덜 외롭고, 덜 힘들었을 텐데.'

읽었더니 생각하게 되었고, 쓰게 되었다. 독서의 종착점은 결국 쓰는 것이라 했다. 맞다. 책을 읽으면 쓰고 싶어진다. 무엇이라도 쓰게 된다. 천천히 크게 성장한다. 느릿느릿 걸어도 황소걸음이다.

미션을 완수하듯 읽어내는 독서가 아닌, 일상에 스며드는 독서를
하고 싶었다. 그래서 감동이 있는 글귀나 와닿는 문장,
기억하고 싶은 한 줄을 기록했다.
그냥 읽기만 할 때보다 읽는 속도는 더디지만,
곱씹으며 읽으니 더 깊이 읽을 수 있었다.

6.

현실에 안주하고 싶은 마음 vs 간절히 변화하고 싶은 마음

인생은 자전거를 타는 것과 같다.
균형을 잡으려면 움직여야만 한다.

_ 알베르트 아인슈타인

깨어있고 싶고, 성장하고 싶었다. 자존감 높은 삶을 살고 싶고, 아이들에게 자랑스러운 엄마가 되고 싶었다. 그렇다고 지금 내 삶이 싫은 건 아니다. 어제와 같은 일상에 안정감을 느낀다. 현실에 안주하며 살아가는 것이 더 편하다. 변화를 시도하는 것은 모험이 되고, 부담이 된다. 원고를 쓰고 있는 지금, 이 순간도 나에게 엄청난 변화의 시도이자 용감한 도전이다. 마음을 먹고 쓰기까지 쉽지만은 않았다. 나를 믿지 못하는 '자기 의심'은 불쑥 찾아와 수시로 나를 흔들었다.

'네까짓 게 책을 쓴다고? 그게 가능하다고 생각해?'

'과연 할 수 있을까? 포기하는 게 나을지 몰라.'

'내가 책을 쓸 자격이 있는 걸까....'

원고를 쓰는 내내 나를 따라다녔다. 다른 누구의 말보다 두렵고 타격감이 크다. 그러나 이겨내야만 했다. 내 안의 의구심을 잠재우기 위해 수시로 마인드 컨트롤을 했다.

부딪치고 시도해야 터득한다.

초등학교 2학년 딸아이가 보조 바퀴를 떼고 싶다고 말했다. 내심 안전하게 좀 더 탔으면 했다. 그러나 아이의 성화에 못 이겨 마지못해 보조 바퀴를 떼고 연습했다.

좀처럼 앞으로 나아가기가 어렵다. 자꾸만 발로 바닥을 내딛고, 가다 서기를 반복한다. 그래도 아이는 잡지 말라며 혼자 타 보겠단다. 비틀비틀 중심을 못 잡고 이내 넘어지고 만다. 뒤에서 지켜보며 따라가던 내가 깜짝 놀라 달려가 보지만, 금세 다시 툭툭 털고 일어나 페달을 밟는다. 아슬아슬 지

그재그를 그리며 술 취한 사람이 따로 없다. 그렇게 나흘째 되던 날, 드디어 조금씩 앞으로 나아갔다. 페달을 두세 번 굴리기가 무섭게 멈춰 서던 아이는 이제 저만치 앞까지 구른다. 그리고 어느새 자유자재로 타게 되었다. 걱정이 앞선 내가 계속 말렸다면 어땠을까? 여전히 안전장치에 의지한 채, 불편함을 감수하며 안주했을 것이다. 하지만 아이는 두발자전거라는 변화를 간절히 원했고, 부딪치고 넘어져 가며 시도하고 터득해서 이제 더 자유롭게 탈 수 있게 되었다.

아무것도 하지 않으면 아무 일도 일어나지 않는다.

"우리 주위의 환경은 시시각각 변하고 있는데, 우리는 항상 그대로 있길 원하지.
이번에도 그랬던 것 같아. 그게 삶이 아닐까?
봐! 인생은 변하고 계속 앞으로 나아가고 있잖아. 우리도 그렇게 해야 해."
"과거의 사고방식은 우리를 치즈가 있는 곳으로 인도하지 않는다."

_ 『누가 내 치즈를 옮겼을까?』, 스펜서 존슨

새로운 방향으로 움직이는 것은 새 치즈를 찾는 데 도움이 된다. 두려움을 극복하고 움직이면 마음이 가벼워진다. 흔히 우리는 변화를 두려워하며 현실의 편안함에 안주하려 한다. 변화가 필요한 상황에도 시도하지 못하고 망설인다. 그러나 아무것도 하지 않으면 아무 일도 일어나지 않는다.

새벽에 일어나 일기를 쓰고 독서를 하는 루틴을 꾸준히 해 나가는 것은 결코 쉽지 않은 일이었다. 오늘도 더 자고 싶은 유혹을 이겨내고, 매일 갈등 속에서 선택한다. 성장하고 싶은 간절한 마음이 나를 움직이게 한다. 현실에 안주하지 않고 노력해 나간다면 두렵고 힘든 시간을 넘어서는 더 커다란 보상을 얻게 될 것이라 믿는다.

"No pain, no gain."

고통 없이는 결실도 없다.

성장하고 변화하려면 충분한 시간과 지속적인 노력이 필요하다. '현실과 도전' 앞에서 어떤 선택을 할 것인가? 무엇을 감내할 것인가? '나아감'을 선택한다. 나아가는 방향에서 기회를 만들어 간다.

"Get out of your comfort zone."

현실에 안주하지 마라.

익숙함에서 벗어나라.

> 우리는 변화를 두려워하며 현실의 편안함에 안주하려 한다.
>
> 변화가 필요한 상황에도 시도하지 못하고 망설인다.
>
> 그러나 아무것도 하지 않으면 아무 일도 일어나지 않는다.

7. 책을 읽으면 꿈을 이룬다

꿈을 실현하기 위해
명확한 계획을 세우고, 즉시 시작하라.
준비가 됐건 아니건,
이 계획을 실행에 옮겨라.

_ 나폴레온 힐

특별한 사람만 작가가 되는 줄 알았다. 하지만 책을 읽으며 '나도 언젠가는 내 경험을 책으로 써보고 싶다'라는 꿈을 갖게 되었다. 나만 아는 막연한 꿈이었다. 누군가가 알기라도 하면

비웃음거리가 될 게 뻔했다. 가당키나 한 일인가? 작가라니. 하지만 꿈은 크게 가지라고 하지 않았던가. 말할 수 없는 꿈이긴 했지만, 노트 여기저기에 기록해 둔 '나의 꿈'이었다.

'누군가에게 작은 도움이라도 되었으면 좋겠다.'라는 마음이 나를 쓰게 했다. 주는 사람, 기버(giver)가 되고 싶다. 남을 돕고 싶다는 마음이 나를 성장하게 한다. 책을 읽기 전에는 생각해 본 적 없었다. 하지만 지금 이렇게 원고를 쓰고 있다. 실로 놀라운 일이다. 쓰고 있다는 자체만으로 감격스럽다.

생각만으로 이룰 수 있는 것은 없다. 행동했기에 꿈에 한 걸음 가까워졌다. 내가 더 성장한 그 어느 날이나, 더 완벽한 조건을 갖춘 그날이 아닌, 지금 여기에서 써보기로 했다. 18년이라는 시간 동안 전업주부로 아이만 키우며 살아왔다. 그런 내가 언감생심 책을 쓰고 싶다고 생각할 수 있었던 건, 꾸준히 읽고 써 온 시간이 있었기 때문 아닐까?

우선 책을 한 권 읽는 것부터 시작해 본다.

출판사와 계약한 날, 남편은 깜짝 놀랐다.

"언제부터 쓰고 있었던 거야? 와.... 대단하다. 그동안 책을 읽어 온 보람이 있네."

읽다 보니 더 읽고 싶어졌고, 나도 쓰고 싶어졌다. 평생 읽고 쓰면서 살고 싶다. 대단한 엄마는 아니더라도 노력하는 엄마의 모습을 보여주고 싶다.

책을 읽으면 생각하게 되고, 그로 인해 나의 의견이 생기고, 꿈이 생긴다. 꿈을 구체화하고 실행할 용기가 생긴다. 작은 실천들로 성취감이 생기고, 자존감이 올라간다. 계속 시도하고 도전하는 힘은 더 큰 성취를 이룰 수 있게 해 준다.

시작이 절반의 성공이다. 지금 시작해보자.

〈꿈을 이루는 독서법〉

1. **책을 처음 읽을 때는 흥미와 관심에 따라 자유롭게 선택한다.** 좋은책이란 내가 즐겁게 읽고, 공감할 수 있는 책이다. 끝까지 읽지 않아도 된다. 읽다가 재미없으면 다른 책을 읽어도 된다.

끌리는 책으로 시작한다.

2. **책은 지저분하게 읽어야 내 것이 된다.** 밑줄치고, 붙이며 표시를 해두고, 내 생각을 적는다.
   빌린책은 노트에 필사한다. 쓰고, 생각하며 읽어야 내 의견이 생기고 꿈을 구체화할 수 있다.

3. **하나의 주제의 책을 100권 읽으면 전문가가 된다.** 목표를 조금 낮춰 30권으로 정하고 읽어본다.
원하는 꿈이나, 내 업무분야의 책을 꾸준히 읽으면 한 분야의 전문가가 된다.
4. **나와 같은 분야에서 성공한 사람이나, 한 분야에서 최고라 불리는 사람의 책을 읽는다.**
저자의 생각과 경험은 내 생각의 범위를 넓혀주고 큰 동기부여가 된다. 성장하는 사람의 책을 읽으며 따라하고 싶고, 닮고 싶어진다.

엄마도 꿈을 가져야한다. 집에서 아이만 키우고 있는 전업주부라서, 경력이 단절되어서, 혹은 나이가 많아서 다람쥐 쳇바퀴 돌아가듯 지내는 일상에 당장 무엇을 시작하기에 겁이 나거나 두렵다면, 일단 책을 한 권 읽는 것부터 시작하라고 말하고 싶다. 너무 쉽지 않은가. 한 권, 두 권, 꾸준히 읽으면 내가 원하는 삶을 찾아갈 수 있다. 인생도 바꿀 수 있다.

주위를 의식하며 끌려다니는 삶이 아닌, 내가 생각한 대로 주체적인 나로 살기 위해 책을 읽는다. 내면의 힘을 기르기 위해.

나는 앞으로 또 어떤 도전을 하고, 어떤 삶을 살아갈까?

꿈을 꾸듯 상상해 본다.

매일 하는 것이 나를 만들고, 생각이 나를 만든다.

'책을 읽으면 꿈을 이룬다.'

책을 읽기 전에는 생각해 본 적 없었다.

하지만 지금 이렇게 원고를 쓰고 있다. 실로 놀라운 일이다.

쓰고 있다는 자체만으로 감격스럽다.

생각만으로 이룰 수 있는 것은 없다. 행동했기에 꿈에 한 걸음 가까워졌다.

아이들에게 해주고 싶은 말

얘들아, 삶에서 길을 잃을 땐 책을 펼쳐 보렴.
엄마는 책의 소중함을 조금 늦게 깨달았어.
하지만 너희들에게만큼은
책을 가까이하며 자랄 수 있게 해줘서
얼마나 다행인지 몰라.

삶을 살아가다 보면 여러 순간을 마주하게 될 거야.
새로운 일을 시작할 때나, 어려움을 겪을 때,
좌절의 순간에 책과 함께하면 좋겠다.
좀 더 나은 선택을 할 수 있을 거야.

수많은 선택 속에서 고민하고 갈등할 때,
책이 힌트를 주고 도움이 되었으면 좋겠다.

혹여나 삶의 역경과 고비를 만나게 된다면
책은 너희들을 더 단단하게 해 줄 거야.

책과 함께 살아간다는 건
인생에 큰 무기를 갖게 되는 거란다.
책으로 공감받고, 위로받으며
감사하는 삶을 살아가길 바란다.

신체 건강을 위해서 꾸준히 운동하는 것처럼,
두뇌와 마음의 건강을 위해
꾸준히 책을 읽으렴.

책을 나침반 삼아,

인생이라는 망망대해에서 방향을 잡아가며,
너희만의 길을 만들어 가길 바라.

'너희들은 어떤 어른으로 성장할까?'

지식을 얻기 위한 독서보다
마음을 키우는 독서를 하며, 성장했으면 좋겠다.
책 한 권 손에 들고 하루를 마무리할 수 있는
여유를 갖는 삶이기를.
평생 책과 벗이 되기를.

2024년 어느 가을날
사랑하는 엄마가.